职业教育课程改革系列教材·项目实战类

# 平面广告设计与制作

丛书主编　徐　敏
主　　编　孔祥华　张永华　王宏春
副 主 编　孔祥玲　杜秋磊　徐丰志　宋海兰

電子工業出版社
Publishing House of Electronics Industry
北京·BEIJING

## 内 容 简 介

本教材依据“项目实战、强调实训”的原则，通过对经典案例由浅入深的分析讲解，介绍了平面广告设计制作的方法及技巧。全书结构清晰，案例针对性强，有利于读者举一反三，快速提高平面设计及制作的水平。

本书内容丰富，操作步骤简洁流畅。全书共包括九个项目，即标志设计、服装设计、海报设计、VI 系统设计、卡通画设计、DM 广告设计、包装设计、书籍装帧、楼盘宣传系列广告策划及制作等，每个项目都从任务引入开始，然后是任务实施环节，在该环节中有制作过程详解，最后是课后实训，在课后实训前给出了相关设计欣赏。

本书适合于各类大中专院校和社会培训学校平面设计专业人员使用，也可供有一定软件基础的计算机专业人员、平面设计爱好者参考使用。

本书配有光盘，包括本书各项目的素材及最终完成效果图，还配有电子教学参考资料包（包括教学指南、电子教案），详见前言。

未经许可，不得以任何方式复制或抄袭本书之部分或全部内容。
版权所有，侵权必究。

**图书在版编目（CIP）数据**

平面广告设计与制作 / 孔祥华，张永华，王宏春主编. —北京：电子工业出版社，2010.1
（职业教育课程改革系列教材 • 项目实战类）
ISBN 978-7-121-10034-5

Ⅰ. 平…　Ⅱ. ①孔…　②张…　③王……　Ⅲ. 广告—平面设计—高等学校：技术学校—教材　Ⅳ. J524.3

中国版本图书馆 CIP 数据核字（2009）第 222865 号

策划编辑：肖博爱
责任编辑：刘真平　文字编辑：王凌燕
印　　刷：北京丰源印刷厂
装　　订：三河市万和装订厂
出版发行：电子工业出版社
　　　　　北京市海淀区万寿路 173 信箱　邮编　100036
开　　本：787×1092　1/16　印张：13.75　字数：352 千字　彩插：2
印　　次：2010 年 1 月第 1 次印刷
印　　数：4 000 册　　定价：29.00 元（含光盘 1 张）

凡所购买电子工业出版社图书有缺损问题，请向购买书店调换。若书店售缺，请与本社发行部联系，联系及邮购电话：（010）88254888。

质量投诉请发邮件至 zlts@phei.com.cn，盗版侵权举报请发邮件至 dbqq@phei.com.cn。

服务热线：（010）88258888。

JIANKANGYUYANGSHENG 健·康·与·养·生
健康与养生
张代玮 编著
长春职业技术学院出版社

健康养生
长春职业技术学院出版社
http://www.cvit.com.cn

生活·家
9月9日，南岸小筑水语生活璀璨启幕
让流浪变成一种怀念
142

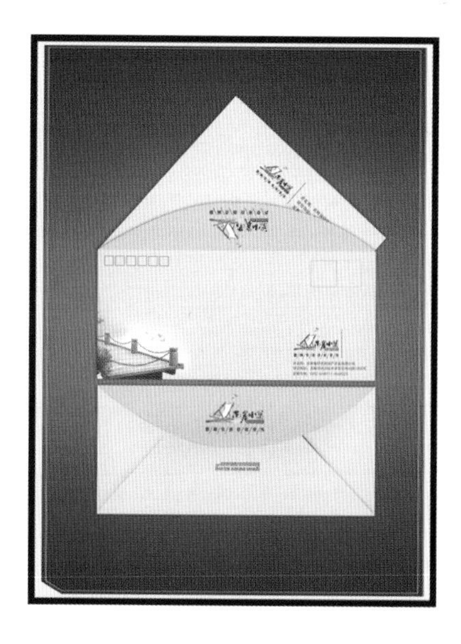

家在南岸，涂鸦一种温馨

品質尚居
開啓生態居住時代
打造人文社區
悠闲生活自在非凡
南岸热线：（0432）46481111 46482222

都市呼喚自然
悠闲生活自在非凡
南岸热线：（0432）46481111 46482222

景观与人文并举
上风 上水 尚居
魅力热线：
46481111
生态时代，品质尚居
南岸熱線-46481111【2222】
项目地址-吉林市恆山路1908號

南岸小築
SOUTH SHORE HOME
悠闲生活自在非凡
标志以简笔画的表现形式切入，充分表现江南岸自然生态生活，图形上全面传达品质生活自在非凡的意境。

三公里，足以丈量这片土地的价值。
发售专线：46481111/46482222

数十载，只不过是承继繁华的起点
发售专线：46481111/46482222

三公里承数十载繁华
发售专线：46481111/46482222

特价

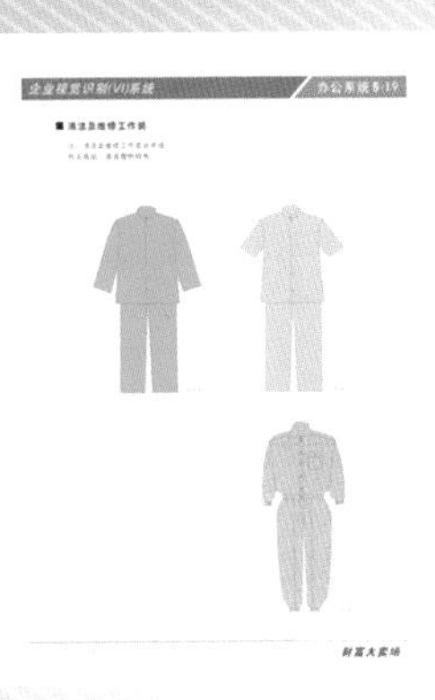

P
停车场
P
停车场

独家奉献
欢乐派送
迎六一
套套
送大礼
地址：长春市南关区健民街199号 预约电话： 0431-8533500

独家奉献
欢乐派送
迎六一
套套
送大礼

龙枣胶囊
龙枣胶囊

龙枣胶囊
OTC
力胜
鹿胎胶囊
LUTAIJIAONANG
OTC
力胜
鹿胎胶囊
LUTAIJIAONANG

長春職業技術學校
CHANGCHUN VOCATIONAL SCHOOL OF TECHNOLOGY

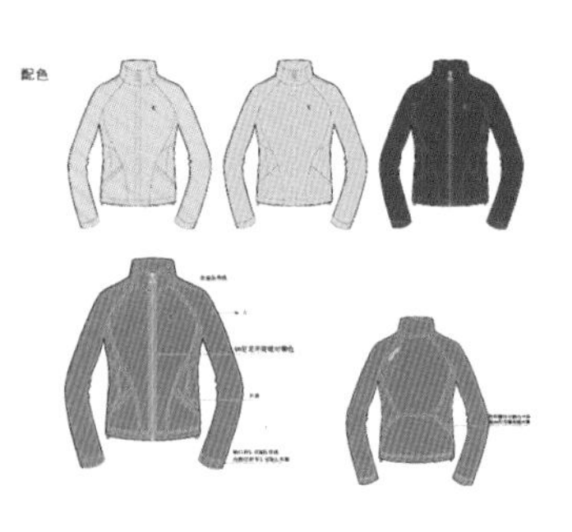
配色

中秋
moon cake

財富大賣場
企业VIS手册
视觉识别(VI)系统基础系统

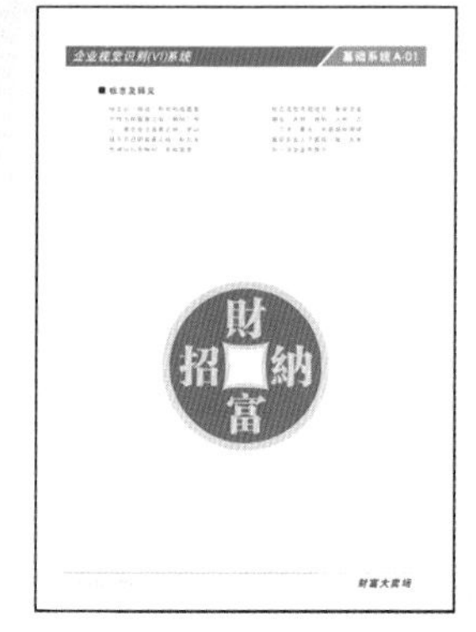
企业视觉识别(VI)系统
基础系统A-01
招財納富
財富大賣場

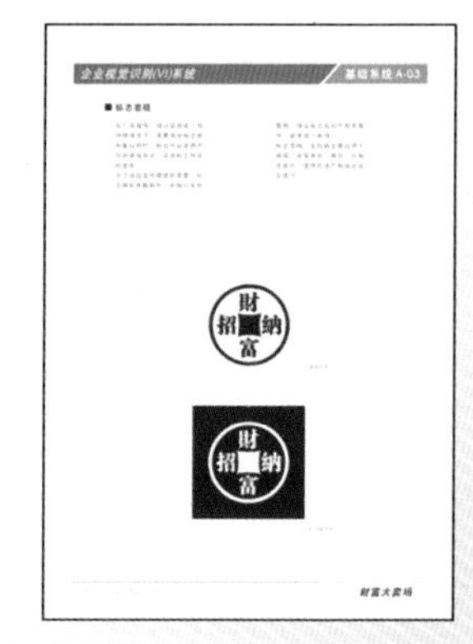
企业视觉识别(VI)系统
基础系统A-03
招財納富
財富大賣場

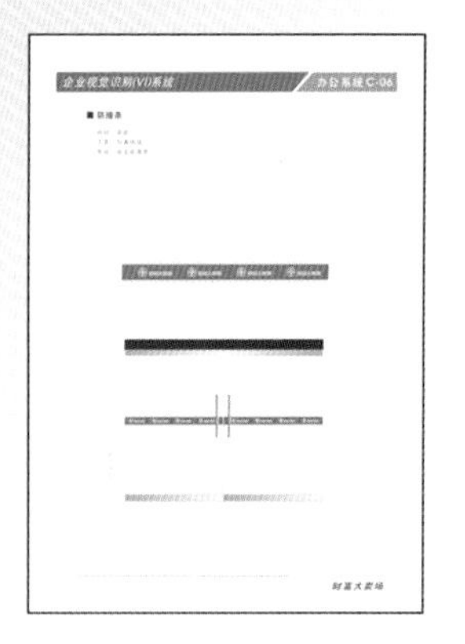
企业视觉识别(VI)系统
办公系统C-06
財富大賣場

企业视觉识别(VI)系统
办公系统C-09
財富大賣場

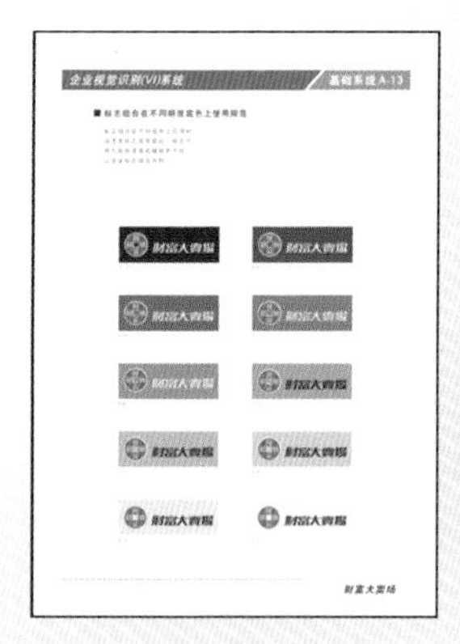
企业视觉识别(VI)系统
基础系统A-13
財富大賣場

企业视觉识别(VI)系统
基础系统A-14
財富大賣場

企业视觉识别(VI)系统
財富大賣場

企业视觉识别(VI)系统
办公系统C-15
財富大賣場

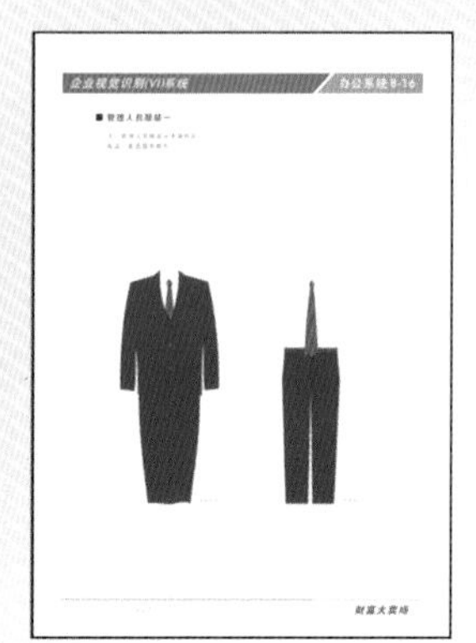
企业视觉识别(VI)系统
財富大賣場

企业视觉识别(VI)系统
办公系统C-17
水产区
蔬果区
肉食区
烘焙区
財富大賣場

# 编 写 说 明

职业教育进入大众化以后，教育的性质也发生了实质性变化。如果说精英教育是“寻找适合教育的孩子”，则职业教育是要“发展适合孩子的教育”。基于职业教育的特定性，其教材必须有自己的体系和特色。

该套丛书遵循“以就业为导向、以能力为本位”的教育理念，教材编写打破学科体系对知识内容的序化，坚持“以用促学”的指导思想。全书以“任务驱动”为主线，以企业真实项目为载体，按照工作流程对知识内容进行重构和优化。教学活动以完成一个或多个具体任务为线索，把教学内容巧妙地设计其中，知识点随着实际工作的需要引入。教材内容不研究“为什么”（规律、原理……），只强调“怎么做”（技能、经验……），突出“做中学”、“学中做”。使学生在完成任务的同时掌握知识和技能，有效地达到对所学知识的建构，全书以任务的完整性取代学科知识的系统性，凸现课程的职业特色。

该套丛书是为计算机应用技术专业四门核心课程提供的工具用书。

“二维动画制作综合实战”教材以企业真实项目或仿真项目为载体，包括电子贺卡、片头动画、电子相册、游戏、公益短片、课件等六类项目，将 Flash、Photoshop、Goldwave 等软件知识贯穿于项目之中，项目的选取注重实用性、技能性、工程性相结合，从而达到典型学习性工作任务的确定与企业动画项目开发流程的无缝对接。

“三维动画制作综合实战”教材以企业真实项目为载体，涉及影视片头动画、商品广告动画、宣传广告动画及室内漫游动画等项目。将 Photoshop、3ds max、After Effects 等软件知识贯穿于每个项目中，以最易理解的语言、最直接的图片效果对比、最简捷的操作、最实用的项目使学生用最短的时间和最快速度掌握动画制作的技术。

“平面广告设计与制作”教材针对平面设计行业的特点，通过大量的精彩实例，详细地介绍了 Photoshop 与 Illustrator 软件进行平面设计的技术与艺术。书中主要介绍了产品包装、地产广告、卡通画、企业视觉识别系统、书籍封面、标志、户外卫衣和中秋节海报、DM 设计等，极具实用价值。

“网站前台设计综合实战”教材根据不同类型网站的实例，结合企业真实案例，逐步剖析和解密教育类网站、商业类网站、旅游休闲类网站、体育健身类网站等的制作方法和流程，将 Dreamweaver、Photoshop、Flash 等软件根据各自功能的特点融合在一起，让读者既能明晰到上述软件适用范围，更能掌握不同类型网站的制作技巧和实战经验。

**编委会组成人员：**

本套丛书由长春市知合动画产业园、长春麦之芒文化传播公司、吉林省电视台卫视频道栏目、长春海华网络有限公司提供案例及素材。由多年从事一线教学的教师及企业工程技术人员共同编写。徐敏担任丛书主编，孙晶艳、高文铭、孔祥华、韩宝玉任主编，参加编写的成员还有刘改、祝海英、雷亚玲、李东生、王芹、庞志有、杨柏婷、张永华、王宏春、孔祥玲、杜秋磊、徐丰志、宋海兰、樊月辉、周晓红、李京泽等。由职业专家及高校教授为丛书审定。由于作者水平有限，疏漏之处在所难免，请广大读者批评指正。

本书编委会

2009 年 12 月

# 前　言

在竞争日益激烈的商业社会，平面广告已成为社会信息以及商业运作中的一个重要环节和组成部分。随着现代经济、文化的日趋繁荣，平面广告也逐步走向辉煌，这当然离不开 Adobe 公司推出的一组非常优秀的黄金组合软件 Photoshop 和 Illustrator 与 Corel 公司的图形图像软件 CorelDRAW 的灵活运用。本书将这三款软件很好的融合在一起，讲解通俗易懂，通过实例与基础知识相结合，以通俗明快的语言对项目的制作过程进行了专业而细致的阐述，旨在为有志于从事平面设计行业的学员提供行之有效的就业指导。

**本书特点**

**1．项目内容工作过程化**

按行动体系序化知识内容，合理编排项目顺序，明确职业岗位需求，在编写过程中以企业项目为载体，在仿真工作环境中介绍项目开发过程。

**2．典型企业案例精选**

本书中所选项目均来自于企业。书中注重将知识点融入项目之中，增加了学习内容的趣味性。本书由浅入深、图文并茂，体现技巧和实践的两个主题，也充分考虑培养学生的职业性与可持续发展，具有较高的参考价值和使用价值。

**3．编写形式轻松易学**

本书采用独特的标注形式，有标注和说明等相关内容，使学生在学习时一目了然。本书配套光盘中包含了所有案例的素材文件和最终文件，为了方便读者学习，只要按照书中的操作进行操作，就可以轻松地制作和书中实例一样精美的作品。

本书针对性强，案例均来自企业实际的工作项目。从专业的广告设计和商业应用出发，涵盖了多个热门应用领域，使不同层次和行业的读者都能够从中学到更前沿、更先进的设计理念和实战技法，并且即学即用，学以致用，将所学知识马上应用于求职或实际工作当中。

同时，本书详尽而丰富的图文搭配的学习方式，非常适合想快速提高平面设计水平的初学者使用。

本书由孔祥华、张永华、王宏春主编，由孔祥玲、杜秋磊、徐丰志、宋海兰担任副主编。参与本书编写的还有高杰、罗旭、宋焱、王富华、魏雪、杨淑香、梁梁、吕菲、丛路卫。本书编写过程中得到了于立辉、郭俐等专家的大力协助，在此表示衷心的感谢！

由于编者的学术水平有限，时间仓促，书中难免有疏漏之处，真诚期待来自读者们的宝贵意见，以便再版时修改，如有反馈建议，请发邮件至（kongxh007@163.com）联系。

为了方便教师教学，本书配有光盘，内容包括各项目的素材及最终完成效果图，还配有教学指南、电子教案（电子版）。请有此需要的教师登录华信教育资源网（www.hxedu.com.cn）免费注册后再进行下载，有问题时请在网站留言板留言或与电子工业出版社联系（E-mail:hxedu@phei.com.cn）。

编　者

2009.12

# 目　录

## 职业技术学校校标设计



## “乔丹”户外女卫衣设计



## 中秋节海报设计



## 财富大卖场 VI 系统的设计



## 卡通画设计



## DM 广告设计

## “龙枣胶囊”产品包装设计



## “健康与养生”书籍装帧设计



## “南岸小筑”楼盘宣传系列广告策划及制作

# 职业技术学校校标设计

# 项目一　职业技术学校校标设计

## 任务引入

老师：同学们都见过不少标志吧？

学生：是。

老师：现在我们就来说说什么样的标志给我们的印象最深？

学生：当然是耐克、李宁、KFC、麦当劳、可口可乐、宝马……

老师：那大家知道为什么这些标志给我们的印象最深吗？

学生：为什么？

老师：这就是我们今天要讲的标志设计。下面就先来了解一下标志的定义，以及标志设计的一般流程。我们可以按照以下流程对标志进行设计制作。

## 任务实施

### 标志概述

标志，是用来表现事物特征的特殊图形符号。它具有面向大众传播、造型简洁明了、寓义深刻、易识别、易记忆的特点。随着时代的进步，作为一种特殊的视觉图形，标志在当今社会的各个领域都得到了广泛的应用，如网站的徽标、企业标志、产品商标，以及公共场合的公共设施标志等。

标志按用途可分为：商业性标志和非商业性标志。商业性标志一般包括公司、企业等以营利为主的团体和机构；非商业性标志一般是行政事业单位标志、公共设施标志、文化活动标志等。

标志设计应遵循的原则可简单概括为：深刻、巧妙、新颖、独特、凝练、美观、概括、单纯、强烈、醒目。

标志设计的流程描述如下。

#### 1. 调研分析

商标、标志不仅仅是一个图形或文字的组合，它更是依据企业的构成结构、行业类别、经营理念，并充分考虑商标、标志接触的对象和应用环境，为企业制定的标准视觉符号。在设计之前，首先要对企业进行全面深入的了解，包括经营战略、市场分析，以及企业最高领导人员的基本意愿，这些都是商标、标志设计的重要依据。对竞争对手的了解也是重要的环节，商标、标志的重要作用即识别性，就是建立在对竞争环境的充分掌握上。

#### 2. 要素挖掘

要素挖掘是为设计开发工作做进一步的准备。依据对调查结果的分析，提炼出商标、标志的结构类型、色彩取向，列出商标、标志所要体现的精神和特点，挖掘相关的图形元素，找出商标、标志设计的方向，使设计工作有的放矢，而不是对文字图形的无目的组合。

### 3. 设计开发

有了对企业的全面了解和对设计要素的充分掌握，可以从不同的角度和方向进行设计开发工作。通过设计师对商标、标志的理解，充分发挥想象，用不同的表现方式，将设计要素融入设计中。商标、标志必须达到含义深刻、特征明显、造型大气、结构稳重、色彩搭配适合企业，避免流于俗套或大众化。不同的商标、标志所反映的侧重或表象会有区别，经过讨论分析或修改，找出适合企业的商标、标志。

### 4. 标志修正

提案阶段确定的商标、标志，可能在细节上还不太完善，经过对商标、标志的标准制图、大小修正、黑白应用、线条应用等不同表现形式的修正，使商标、标志使用更加规范，同时在不同环境下使用时也不丧失商标、标志的结构和特点，达到统一、有序、规范的传播效果。

标志应用的广泛性和可伸缩性较大，所以通常使用矢量绘图软件设计标志，因为矢量图形的质量不受图形放大或缩小的影响，特别适用于文字设计、图案设计、版式设计、标志设计、计算机辅助设计、工艺美术设计、插画设计等。常用的矢量绘图软件包括 Illustrator、CorelDARW 和 FreeHand 等。

本项目以设计制作某职业技术学校校标为例，介绍利用 CorelDRAW X3 软件设计制作如图 1-1 所示标志的操作步骤，使读者能进一步加深对标志设计的理解，为下一步独立设计打下良好的基础。

图1-1

## 标志设计工作流程

### 1. 需求分析

长春职业技术学校是隶属长春市教育局的一所综合性职业学校。学校设有制造、电子、汽车、财经、信息、旅游等 6 大类 12 个专业（15 个专业方向）。其中，数控技术、市场营销、计算机应用技术及酒店服务与管理 4 个专业为吉林省中等职业学校骨干示范专业。面向吉林省长春市主导产业、支柱产业、特色产业培养高素质技能型人才。

客户要求：作为学校校标，需要充分体现学校办学特色及办学理念，突出学校形象，富有艺术感染力。

### 2. 要素挖掘

在对设计需求进行分析之后，并对有效信息进行概括抽取，初步确定了标志设计所要表达的主要信息具体如下。

（1）综合性职业技术学校。

（2）中文校名：长春职业技术学校。

（3）英文校名：CHANGCHUN VOCATIONAL SCHOOL OF TECHNOLOGY。

（4）骨干示范专业：制造、电子、汽车、财经、信息、旅游等。

（5）办学定位、办学特色："工学结合"、职业教育与职业岗位技能培训并举。

### 3. 设计开发

基于上述分析，设计者在多次设计与修改后，完成如图 1-1 所示的设计作品，并列出设计说明。

### 4. 设计说明

（1）校标设计是将学校的英文名称"CHANGCHUN VOCATIONAL SCHOOL OF TECHNOLOGY"英文单词首写字母"C C V O S T"巧妙变形（注：O 为中间的齿轮，S 为 V、T 兼用，体现了工学兼修的理念），并与能鲜明体现培养技能职业类学校属性的"齿轮"融合在一起，如明亮的眼睛一样具有很强的视觉张力和文化意蕴，又能直观传达学校培养专业技术人才的内涵。校标外环为不同风格的中、英文"长春职业技术学校"组合，醒目地推出长春职业技术学校校名。

（2）校标整体为圆形。"圆"给人以凝聚力，象征着学校团结协作、互助关爱的团队精神。同时也体现着学校的办学定位、办学特色："工学结合"、职业教育与职业岗位技能培训并举，多类型、多形式、多规格地培养面向先进制造业、现代化科技行业及现代化服务业的技能型人才的办学理念。

（3）校标整体以蓝色为主色，象征智慧、严谨、深厚、典雅、对前程充满希望，时代感突出，同时也体现着学校无限发展，放眼社会、放眼未来，永做排头的勇气和信心！

## 标志制作过程

在充分解读该标志的设计过程后，现在来亲身体验一下标志的制作过程。绝大部分标志都包含两个主要组成部分：图形部分和文字部分。这里把该标志的制作分为两个任务，任务一为图形制作，任务二为文字制作。

### 任务一：图形制作

**STEP 01** 打开 CorelDRAW X3，执行菜单栏中的【文件】/【新建】命令，或使用【Ctrl】+【N】组合键，新建一个空白页，设定纸张大小为 A4，横向摆放，如图 1-2 所示。

图1-2

**相关知识**

在现今标志设计行业中经常采用的设计软件是CorelDRAW，这款矢量图形设计软件除具有操作简单，交互设计功能强大的特点外，其较Illustrator优越的地方在于排版输出效果不失真。所以在这里，设计师使用CorelDRAW X3来设计这款标志。

**首先制作图形核心部分的字母“V”。**

**STEP 02** 单击工具箱中“椭圆形”工具，按住【Ctrl】键在绘图窗口中拖动鼠标绘制一个正圆，效果如图1-3所示。

**STEP 03** 选中工作区中的正圆，并将其复制一个，调整其大小和位置，如图1-4所示。

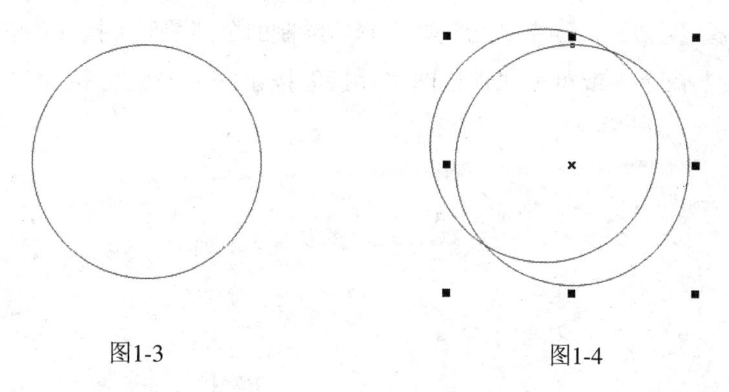

图1-3　　图1-4

**操作提示**

在CorelDRAW中，可通过特殊按键来快速得到任意大小的圆形。

绘制正圆形对象的方法如下：

- 按住【Ctrl】键，同时在绘图窗口中拖动鼠标，可以绘制出正圆形。
- 拖动鼠标时按住【Ctrl】+【Shift】键，还可以从中心向绘制正圆形。

**STEP 04** 按【Ctrl】+【A】组合键，选择所绘制的全部图形，执行菜单栏中的【排列】/【修整】/【后减前】命令，或单击属性栏的“后减前”按钮，如图1-5所示。进行后减前操作，效果如图1-6所示。

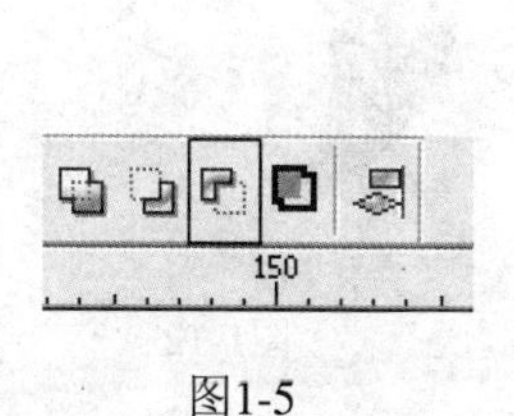


图1-5

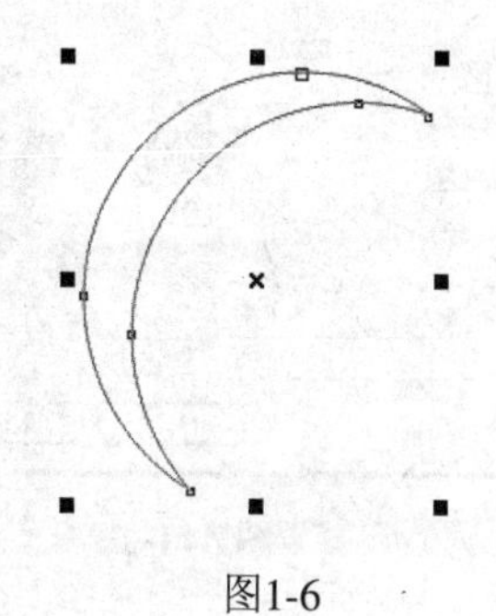

图1-6

**STEP 05** 运用前面介绍的方法，绘制两个椭圆，调整其大小和位置，进行后减前操作，效果如图 1-7 和图 1-8 所示。

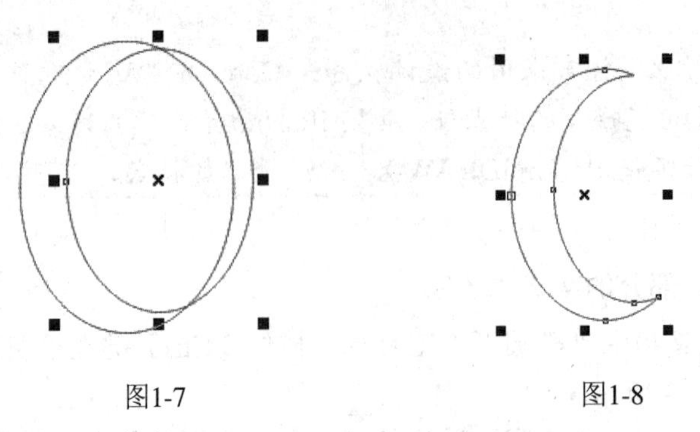

图1-7　　图1-8

**STEP 06** 将工作区中的两个图形调整位置，如图 1-9 所示。

**STEP 07** 按【Ctrl】+【A】组合键，选择所绘制的全部图形，执行菜单栏中的【排列】/【修整】/【焊接】命令，或单击属性栏的“焊接”按钮，进行焊接操作，效果如图 1-10 所示。

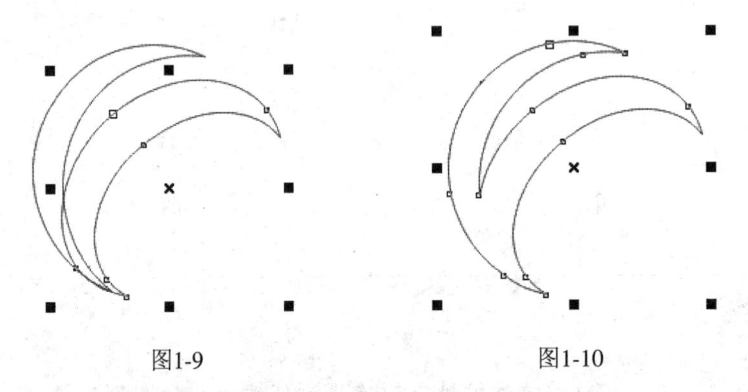

图1-9　　图1-10

**STEP 08** 单击“填充”展开工具栏中的“渐变填充”工具，或按【F11】键，在弹出的【渐变填充】对话框中，设置其填充为蓝色（CMYK：100、100、0、0）到青色（CMYK：100、0、0、0），如图 1-11 所示。轮廓颜色设为无，效果如图 1-12 所示。

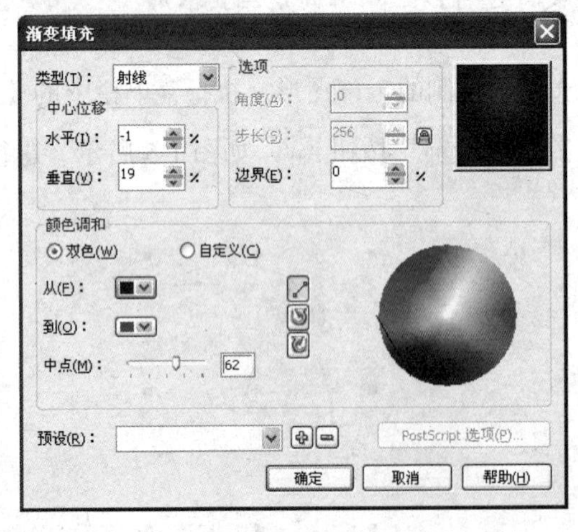


图1-11

图1-12

下面来制作字母“T”。

**STEP 09** 运用前面介绍的方法，绘制两个椭圆，调整其大小和位置，进行后减前操作，效果如图 1-13 和图 1-14 所示。

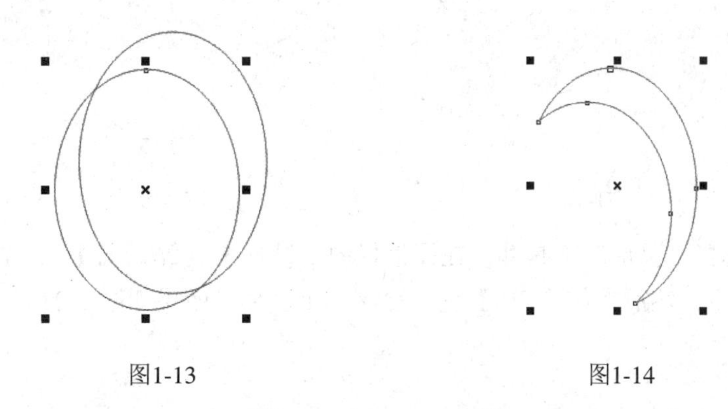

图1-13　　图1-14

**STEP 10** 单击“贝塞尔”工具和“形状”工具，绘制如图 1-15 所示图形。

**STEP 11** 按住【Shift】键，加选图形，单击属性栏的“焊接”按钮，进行焊接操作，效果如图 1-16 所示。

**STEP 12** 将焊接后的图形填充为黑色（CMYK：0、0、0、100），如图 1-17 所示。

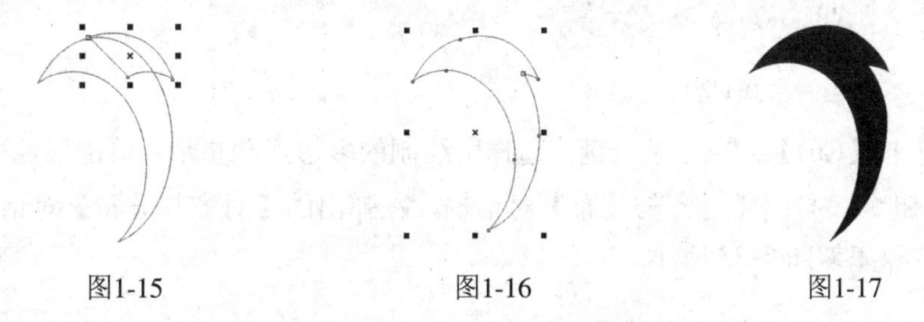

图1-15　　图1-16　　图1-17

**STEP 13** 按【Ctrl】+【A】组合键，选择全部图形，执行菜单栏中的【排列】/【锁定对象】命令，将前面绘制的对象锁定，以免影响后面的操作。

**操作提示**

在 CorelDRAW 中，使用【排列】/【锁定对象】命令，可以将暂不处理的对象锁定，锁定后的对象不能进行任何编辑处理。使用【排列】/【解除对象锁定】命令则可解除锁定状态，解锁后，对象将恢复原来的所有属性。当文件中同时有多个对象被锁定时，可在菜单栏中选择【排列】/【解除全部对象锁定】命令，将所有对象解除锁定。

下面来绘制齿轮。

**STEP 14** 选择“多边形”工具，在属性栏中，设置【星形及复杂星形的多边形点或边数】为 12，然后按住【Ctrl】键，绘制一个多边形，如图 1-18 所示。

**STEP 15** 将多边形原位复制一个，按住【Shift】键，调整复制的多边形的大小，然后在属性栏中，设置【旋转角度】为 45°，效果如图 1-19 所示。

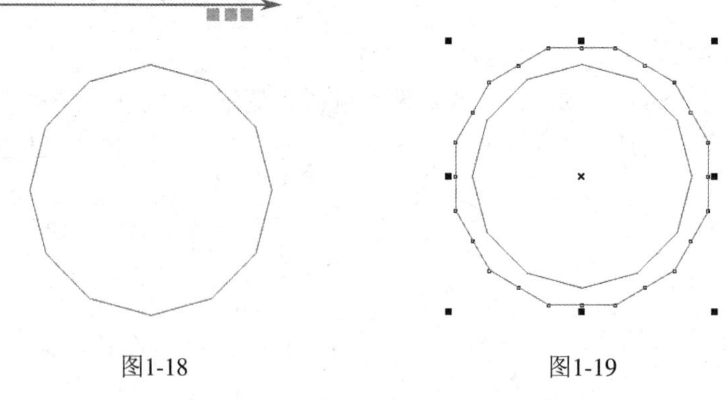

图1-18　　　　图1-19

**STEP 16** 选择“星形”工具，在属性栏中，设置【点数/边数】为 12，【清晰度】为 34，如图 1-20 所示。然后按住【Ctrl】键，绘制一个星形，效果如图 1-21 所示。

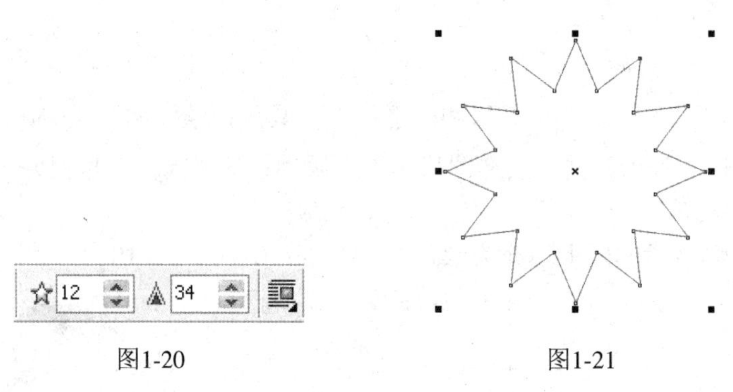


图1-20　　　　图1-21

**STEP 17** 按【Ctrl】+【A】组合键，选择所绘制的多边形和星形，单击属性栏中“对齐”和“属性”按钮，打开【对齐与分布】对话框，在弹出的【对齐与分布】对话框中设置如图 1-22 所示，效果如图 1-23 所示。

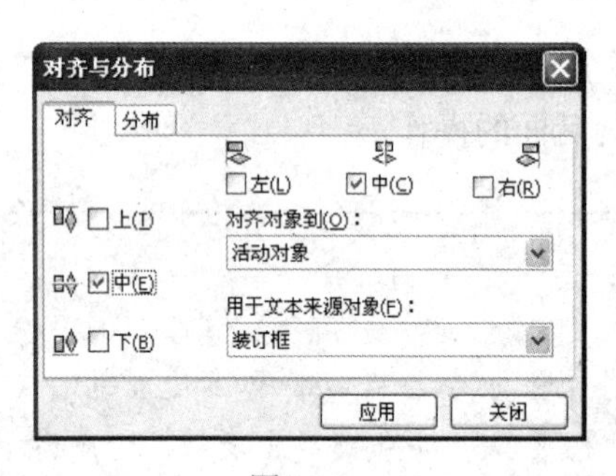


图1-22

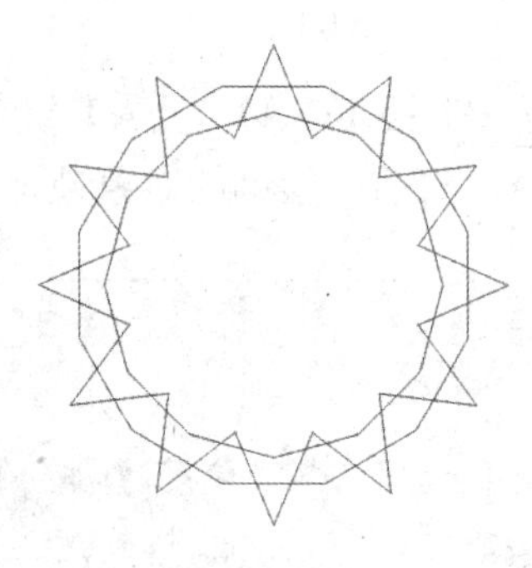

图1-23

**STEP 18** 选择所绘制的星形和小多边形，单击属性栏的“焊接”按钮，进行焊接操作，效果如图 1-24 所示。

**STEP 19** 运用“智能填充”工具，在属性栏中设置指定填充颜色为灰色（CMYK：0、0、0、60），指定填充如图 1-25 所示图形。

**STEP 20** 保留指定填充的图形，将剩余图形全部删除。

**STEP 21** 在指定填充的图形中心位置绘制一个圆形，颜色填充为白色（CMYK：0、0、0、0），轮廓宽度设置为无，如图 1-26 所示。

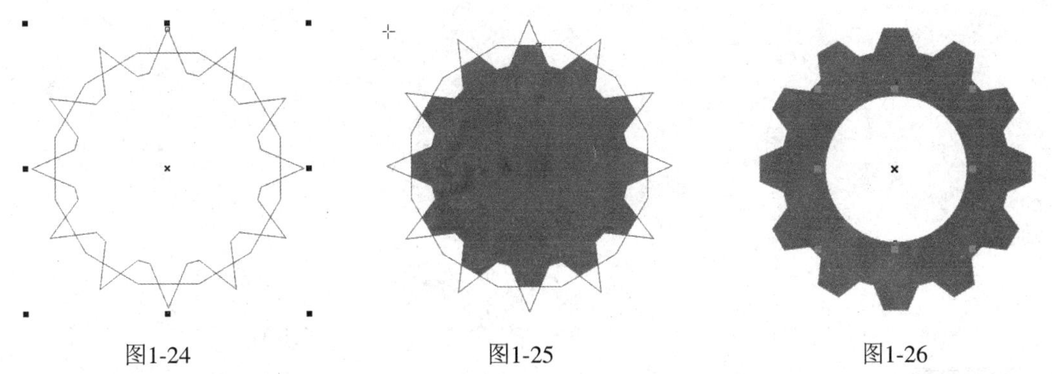

图1-24　　图1-25　　图1-26

**STEP 22** 按【Ctrl】+【A】组合键，选择全部图形，单击鼠标右键，在弹出的右键快捷菜单中选择“群组”命令，或按【Ctrl】+【G】组合键，将所选图形群组。

**STEP 23** 选择群组后的图形，单击“填充”展开工具栏中的“渐变填充”工具，或按【F11】键，在弹出的【渐变填充】对话框中，设置其填充为蓝色（CMYK：100、100、0、0）到青色（CMYK：100、0、0、0），如图 1-27 所示。轮廓颜色设为无，效果如图 1-28 所示。

**STEP 24** 执行菜单栏中的【排列】/【解除全部对象锁定】命令，将前面锁定的对象解除锁定，调整字母“V”、字母“T”、齿轮的大小和位置，如图 1-29 所示。

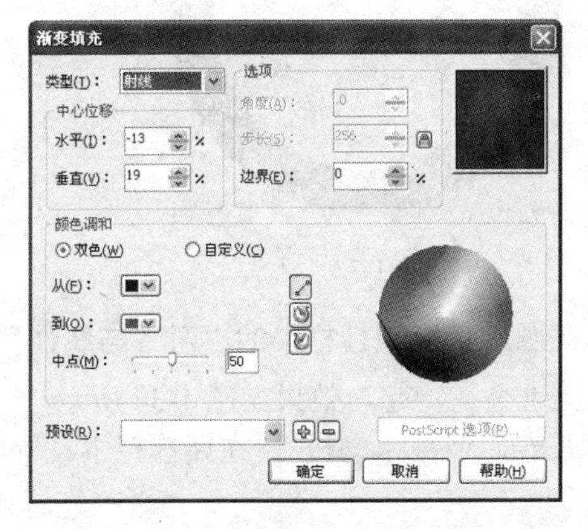


图1-27

图1-28

图1-29

**STEP 25** 按【Ctrl】+【A】组合键，选择全部图形，执行菜单栏中的【排列】/【群组】命令，或按【Ctrl】+【G】组合键，将所选图形群组。至此，完成校标图形部分的制作。

## 任务二：文字制作

**STEP 01** 单击工具箱中“椭圆形”工具，按住【Ctrl】键在绘图窗口中拖动鼠标绘制一个正圆，然后将所绘制的正圆复制一个，拖放至绘图区内备用。

**STEP 02** 接下来将所绘制的正圆再原位复制一个，按住【Shift】键，调整复制正圆的大小，效果如图 1-30 所示。

**STEP 03** 选择两个正圆，执行【排列】/【结合】命令，制作成圆环，如图 1-31 所示。

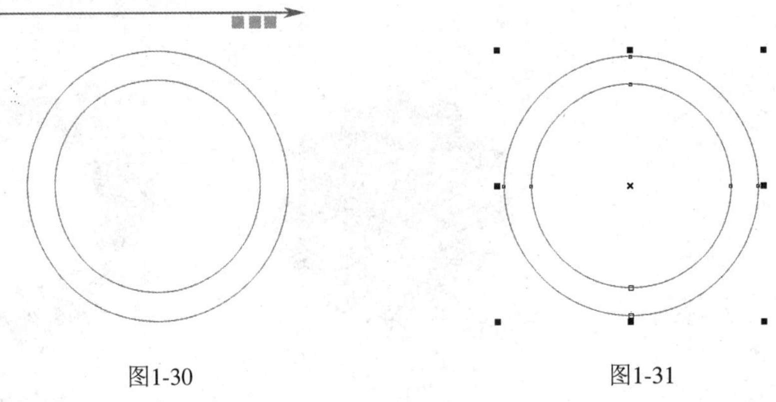

图1-30　　图1-31

**STEP 04** 按【F11】键，在弹出的【渐变填充】对话框中，设置其填充为蓝色（CMYK：100、100、0、0）到青色（CMYK：100、0、0、0），如图 1-32 所示。轮廓颜色设为无，效果如图 1-33 所示。

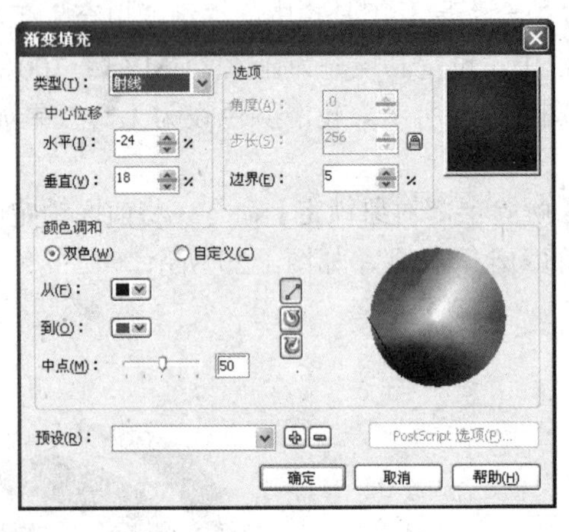


图1-32

图1-33

**STEP 05** 按【Shift】键，选择圆环与前面备份的正圆，单击属性栏中的“对齐与属性”按钮，设置水平居中、垂直居中对齐，两个图形完全重叠在一起，效果如图 1-34 所示。

**STEP 06** 单击工具箱中“文字”工具，输入“长春职业技术学校”，在属性栏中设置字体为“方正隶书繁体”，字体大小为 40pt。

**STEP 07** 执行菜单栏中的【文本】/【使文本适合路径】命令，鼠标指针变为形态，移动鼠标到前面备份的圆形中，文字呈蓝色空心显示，调整至合适的位置，单击鼠标，确定文字当前的形态，效果如图 1-35 所示。

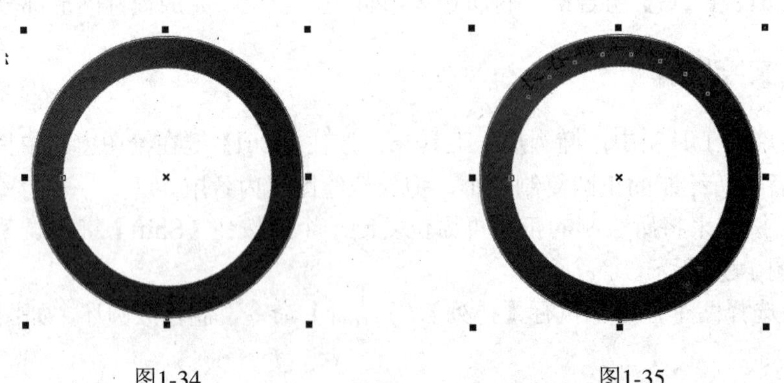

图1-34　　图1-35

**STEP 08** 在属性栏中，设置【与路径距离】、【水平偏移】量，调整文字的位置如图 1-36 所示，效果如图 1-37 所示。

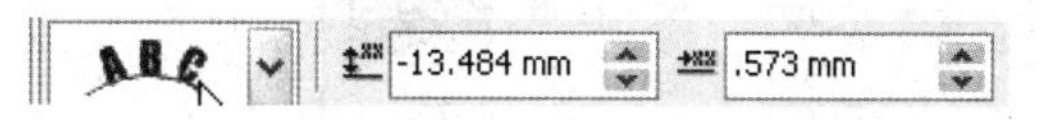


图1-36

**STEP 09** 单击工具箱中“形状”工具，此时每个文字左下角都会出现白色小方块，并且在文本框右下角和左下角都出现了箭头图标。向右拖动文本框右下角的箭头至合适位置，以调整文字间的距离，效果如图 1-38 所示。

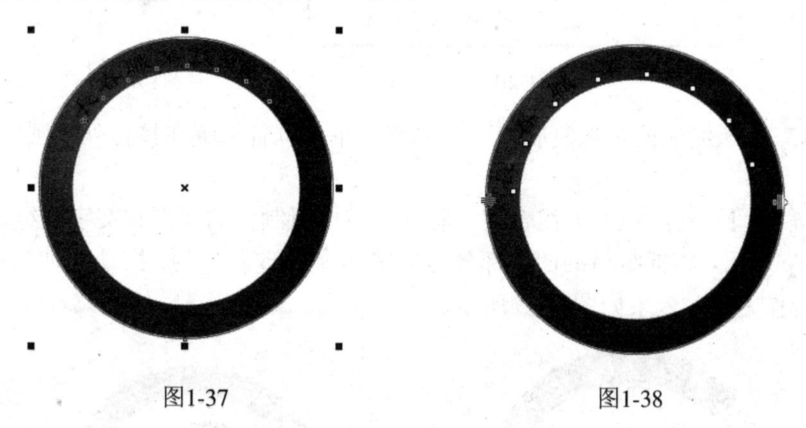

图1-37　　图1-38

**STEP 10** 在调色板中的☒按钮上单击鼠标右键，取消轮廓。

**STEP 11** 设置文字的颜色为白色。

**STEP 12** 单击工具箱中“文字”工具，输入“CHANGCHUN VOCATIONAL SCHOOL OF TECHNOLOGY”，在属性栏中设置字体为“Arial Narrow”，字体大小为 24pt。

**STEP 13** 运用前面介绍的方法，将英文校名调整合适的位置和形态，效果如图 1-39 所示。

图1-39

**STEP 14** 单击工具箱中“椭圆形”工具，按住【Ctrl】键在绘图窗口中拖动鼠标绘制一个正圆，按【F11】键，在弹出的【渐变填充】对话框中，设置其填充为蓝色（CMYK：100、100、0、0）到青色（CMYK：100、0、0、0），如图 1-40 所示。轮廓颜色设为无，效果如图 1-41 所示。

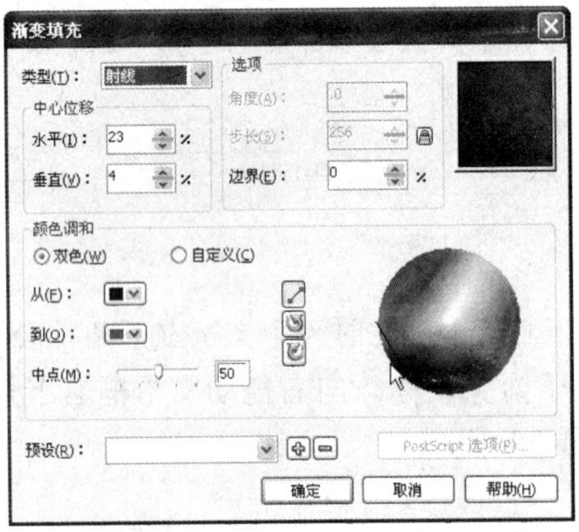

图1-40

图1-41

**STEP 15** 将所绘制的圆形复制一个，调整大小及位置放置在校标外部圆环中，效果如图 1-42 所示。

**STEP 16** 按【Ctrl】+【G】组合键，将任务二中所制作的图形和文字群组。

**STEP 17** 最后，将群组后的图形部分与文字部分全部选中，按【P】键使其在页面居中。至此，校标制作完成，效果如图 1-43 所示。

图1-42

图1-43

## 标志欣赏

请欣赏下列标志，如图 1-44 至图 1-63 所示。

图1-44

图1-45

图1-46

图1-47

1948
Bank of China

图1-48

1972
Service Bank Co.,Ltd.

图1-49

图1-50

图1-51

图1-52

图1-53

图1-54

图1-55

图1-56

图1-57

图1-58

图1-59

图1-60

maxell

图1-61

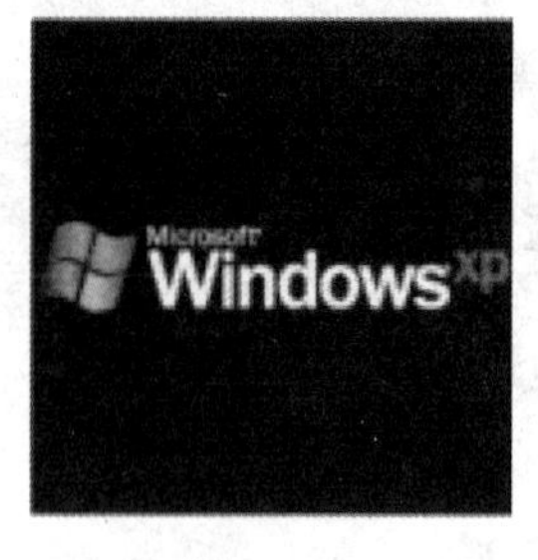


图1-62

图1-63

## 课后实训项目

1．为“宝酷儿”童装品牌设计标志。

客户要求：

（1）标志图文结合，清晰大方。

（2）构思精巧、易记、易识别，色彩、构图不局限，由设计人自由创作。

（3）作品附带文字说明稿。

2．为以货物运输为主的“速易达”物流公司设计标志。

客户要求：

（1）标志简洁明快，大方得体。

（2）体现诚信、快捷、准点、安全行业的特点。

（3）适用于车身、网站、名片、信封、信笺等。

（4）作品附带文字说明稿。

# “乔丹”户外女卫衣设计

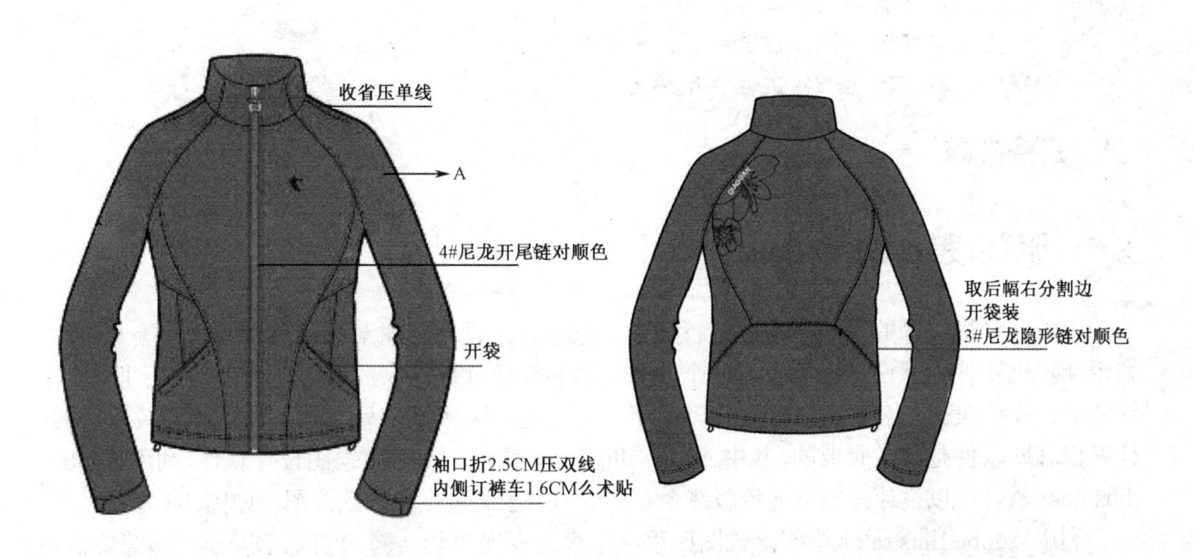


配色

# 项目二 “乔丹”户外女卫衣设计

## 任务引入

老师：同学们都很喜欢穿休闲装吧！
学生：街上、商场里有很多这样的专卖店。
老师：现在我们就来设计户外女卫衣。
学生：当然可以，工作流程是怎样的呢？
老师：按下面的工作流程去做吧。

## 任务实施

### 服装设计（相关知识）

随着计算机技术的发展，在服装行业中的服装款式设计、图案设计和面料设计等方面，利用计算机软件进行设计已经成为一个趋势。服装设计软件的广泛应用，极大丰富了服装设计师的创作手段。一名现代服装设计师除了具有一定的美术基础外，熟悉和掌握服装设计的计算机辅助软件是非常必要的。其中 Adobe Illustrator 就是一款常用绘图设计软件，利用 Adobe Illustrator 软件可以设计绘制出现代服装企业中专门用于服装生产的款式图，如图 2-1 所示。

利用 Adobe Illustrator 绘制款式图比手绘更容易表现服装结构、比例、图案、色彩等要素。设计服装款式图主要目的是为了更直观的表达服装款式，使效果更接近成衣，这样版型师和工人也更容易了解和制作设计的服装款式。服装款式图中线条的表现也有不同的含义，实线表示服装的结构分割，虚线表示线迹，粗实线主要起到一个区别作用。在成衣的设计生产过程中，色彩的搭配是非常重要的，Adobe Illustrator 软件还可以完美地表现各种服装的色彩搭配，如图 2-2 所示。另外，作为矢量绘图软件，利用 Adobe Illustrator 绘制的服装设计效果图可以反复修改，并且还具有图形量小、可任意缩放和以高分辨率输出的特性，从而能大大提高设计者的工作效率和设计能力。

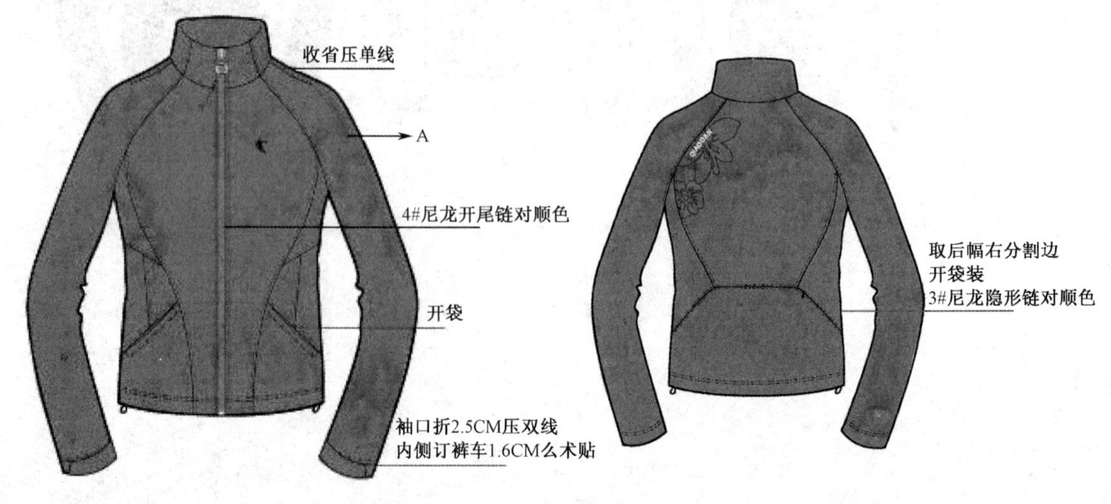


图2-1

配色

图2-2

本项目以设计制作“乔丹”户外女卫衣为例，介绍利用 Adobe Illustrator 软件设计制作如图 2-1 所示服装设计图的操作步骤。

## 服装设计过程

### 任务一：服装款式的设计

服装的款式是服装造型的主体，包括服装的轮廓形状、内结构线以及领、袖、门襟、口袋等组成部分。

**STEP 01** 打开 Adobe Illustrator 软件，执行菜单栏中的【文件】/【新建】命令，或按【Ctrl】+【N】组合键，打开【新建】对话框，设置【名称】为女卫衣，【大小】为 A4，【取向】为横向，如图 2-3 所示。

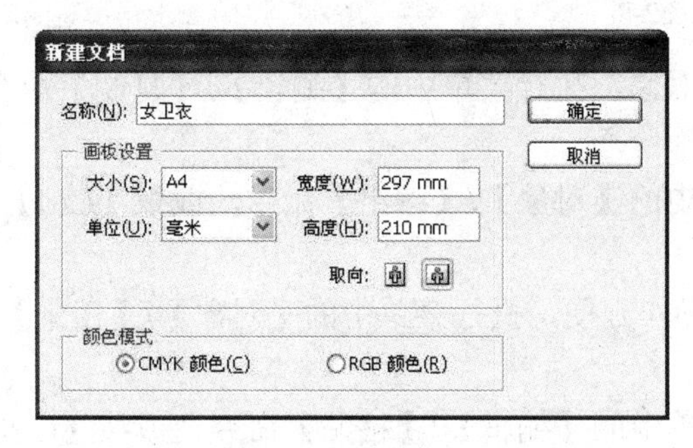


图2-3

**STEP 02** 单击“钢笔”工具 绘制衣服的后片，如图 2-4 所示。

**STEP 03** 单击“钢笔”工具 绘制后领座，如图 2-5 所示。

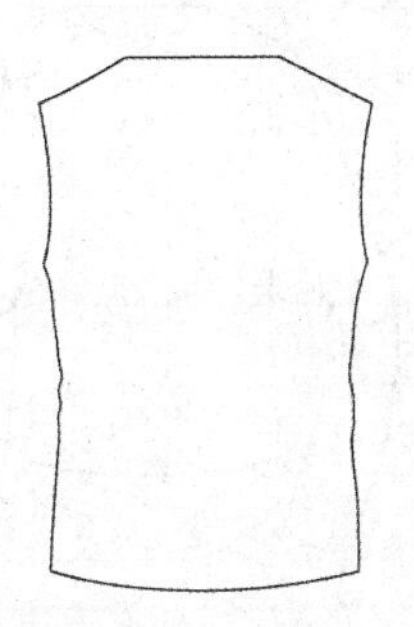

图2-4

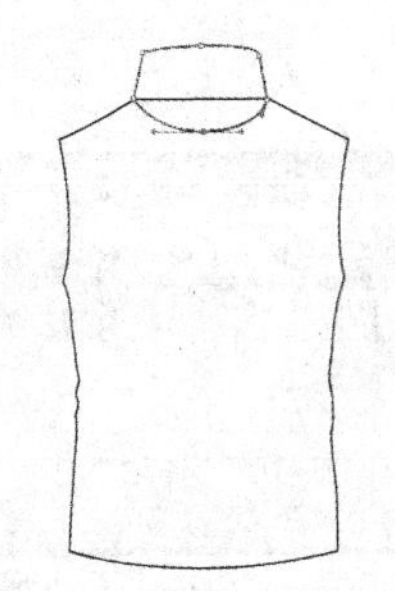

图2-5

**STEP 04** 单击“钢笔”工具 绘制左、右边的袖子，如图 2-6 和图 2-7 所示。

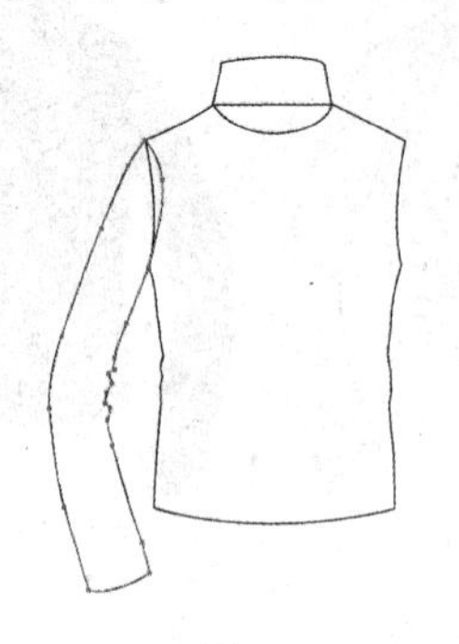

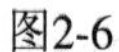
图2-6

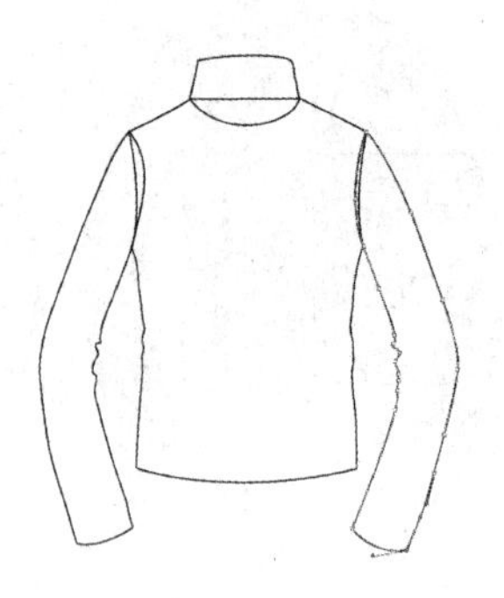

图2-7

**STEP 05** 按【Ctrl】+【A】组合键，将所绘制对象全部选中，设置线条色为无色，填充色为粉色（CMYK：0、80、16、0），如图 2-8 所示，效果如图 2-9 所示。

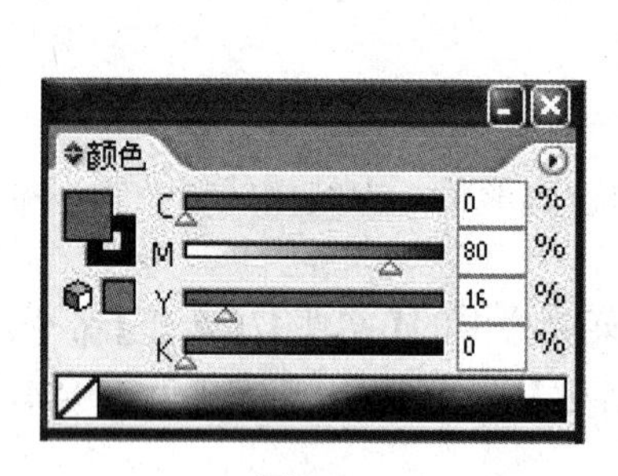


图2-8

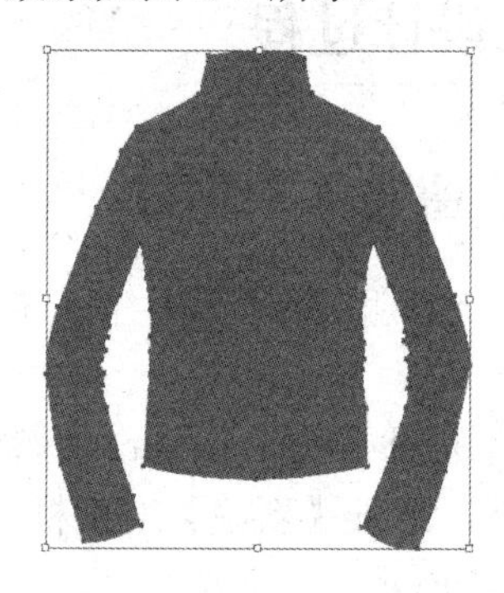

图2-9

**STEP 06** 选中全部对象，执行菜单中的【编辑】/【复制】命令，或按【Ctrl】+【C】组合键，复制所绘制图形。

**STEP 07** 执行菜单中的【对象】/【编组】命令，或按【Ctrl】+【G】组合键，将所绘制图形编组。

**STEP 08** 为了以后操作方便，执行菜单中的【对象】/【锁定】/【所选对象】命令，将图形锁定。

**STEP 09** 再执行菜单中的【编辑】/【粘贴】命令，或按【Ctrl】+【V】组合键，粘贴所复制图形，然后将其线条色设置为黑色，线宽为 1.2pt，填充色为无，如图 2-10 所示，效果如图 2-11 所示。

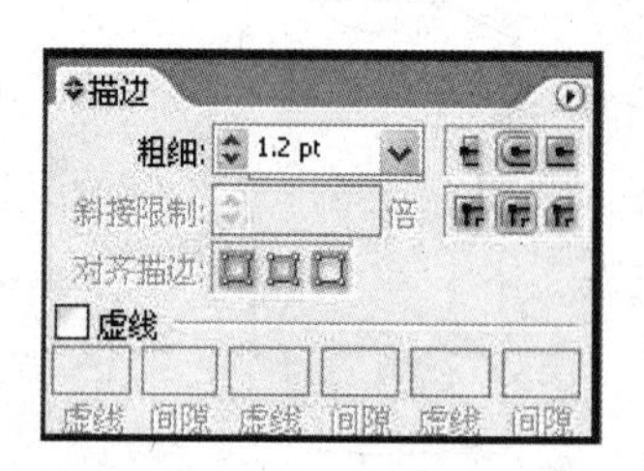


图2-10

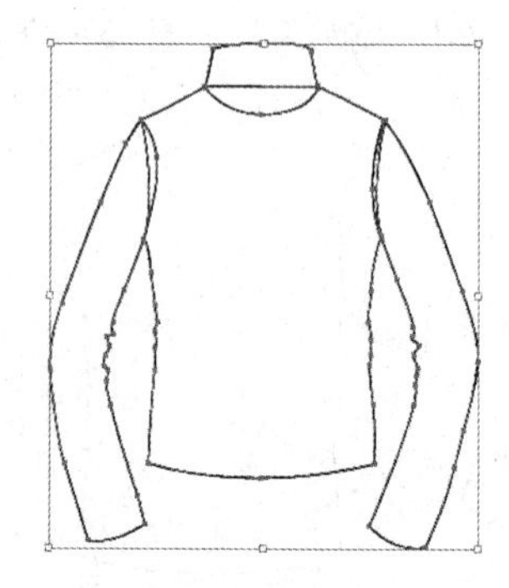

图2-11

**STEP 10** 执行菜单中的【窗口】/【路径查找器】命令，调出路径查找器，然后单击“与形状区域相加”按钮，然后再单击“扩展复合形状”按钮扩展，如图2-12所示，得到图形为服装外轮廓线，效果如图2-13所示。

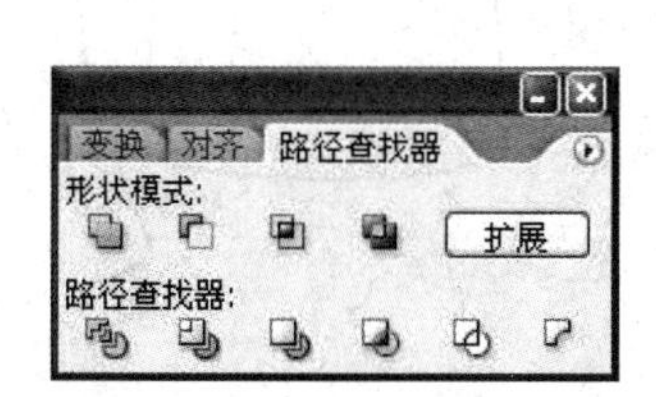


图2-12

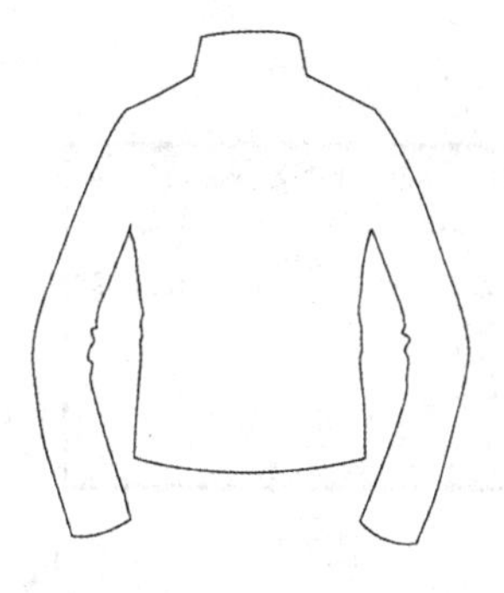

图2-13

**STEP 11** 单击“钢笔”工具绘制领形，执行菜单中的【窗口】/【描边】命令，调出“描边”面板。然后，选择3条领形线，在“描边”面板中设置参数如图2-14所示，效果如图2-15所示。

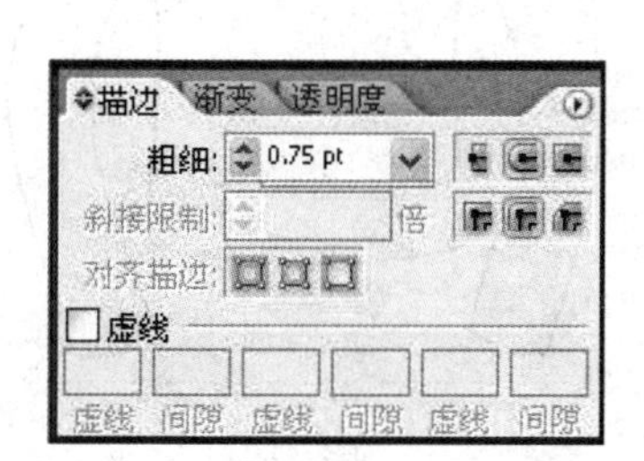


图2-14

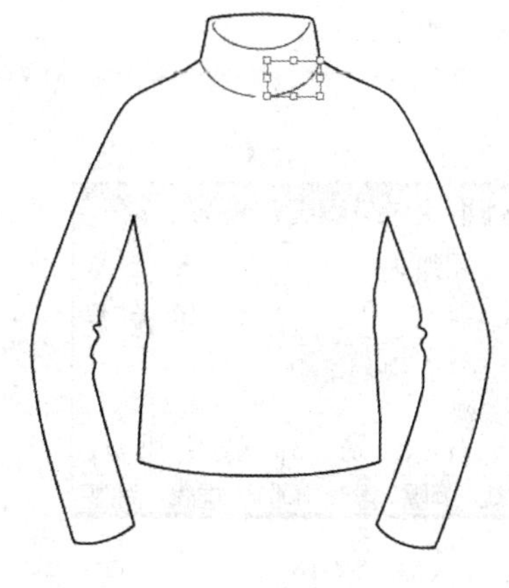

图2-15

## 相关知识

服装的领型是最富于变化的一个部件，由于领子的形状、大小、高低、翻折等不同，形成各具不同的服装款式。领型根据其结构不同，可归纳为4种类型。

（1）立领：立领是一种没有领座的领型。

（2）褶领：褶领是一种翻领，如衬衫领、小翻领等。

（3）平领：平领是平展贴肩的领型，一般领座不高于1cm。

（4）翻驳领：翻驳领是前门襟敞开成V字形的领型，它由领座、翻领和驳头组成。

本例中的卫衣设计采用的领型为立领。

**STEP 12** 单击“钢笔”工具绘制袖型线，选中线条，在“描边”面板中设置参数如图2-16所示，效果如图2-17所示。

图2-16

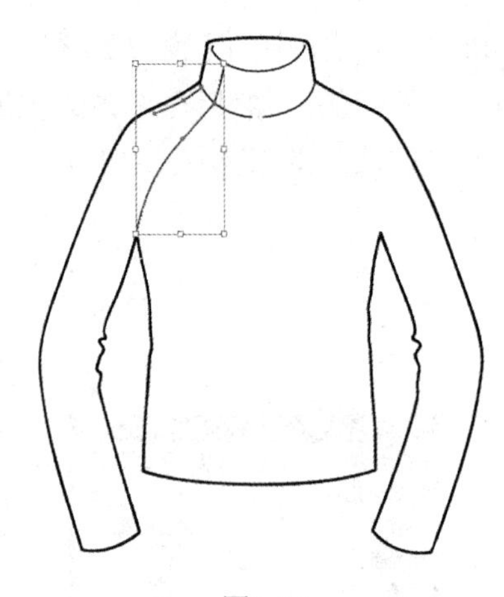

图2-17

**STEP 13** 将绘制的两条袖型线选中，按住【Alt】键向左拖动到一定位置，复制得到缉明线，使缉明线处于选中状态，在“描边”面板中设置参数如图 2-18 所示，效果如图 2-19 所示。

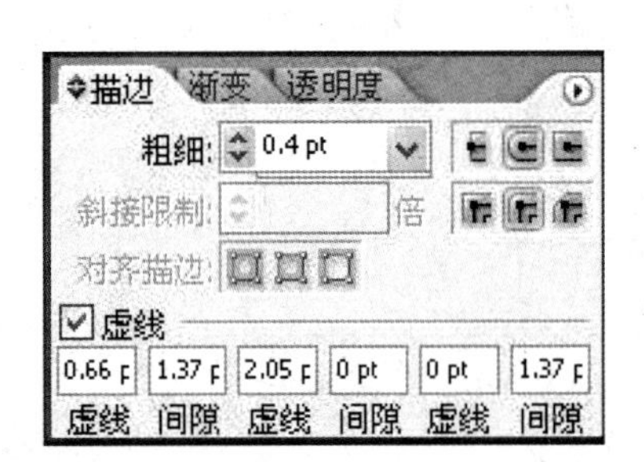


图2-18

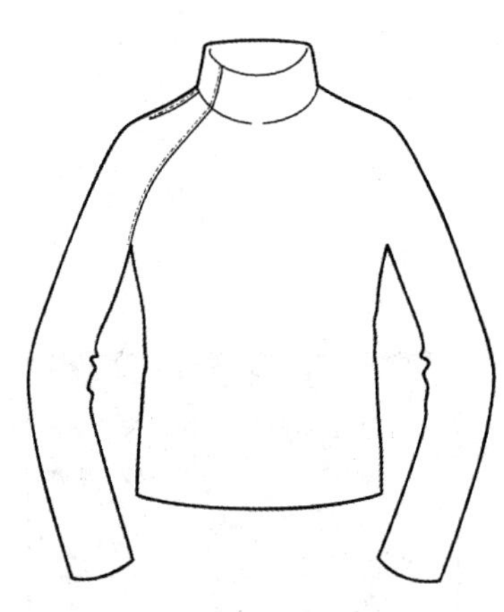

图2-19

**STEP 14** 将绘制的袖型线及辑明线选中，执行菜单中的【对象】/【变换】/【对称】命令，打开【新建】对话框，设置如图 2-20 所示，单击“复制”按钮 复制(C) ，调整复制得到线条的位置，效果如图 2-21 所示。

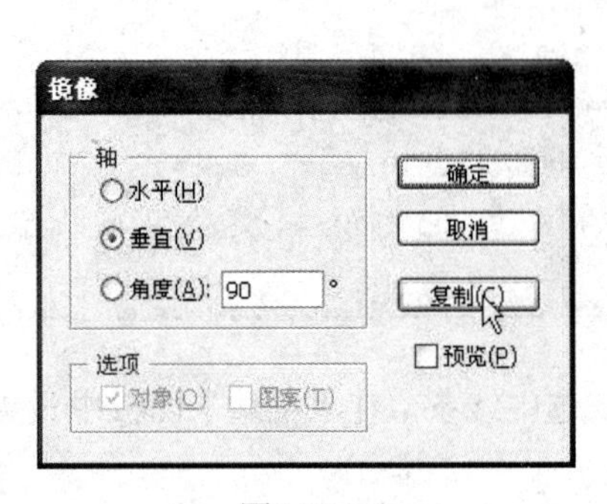


图2-20

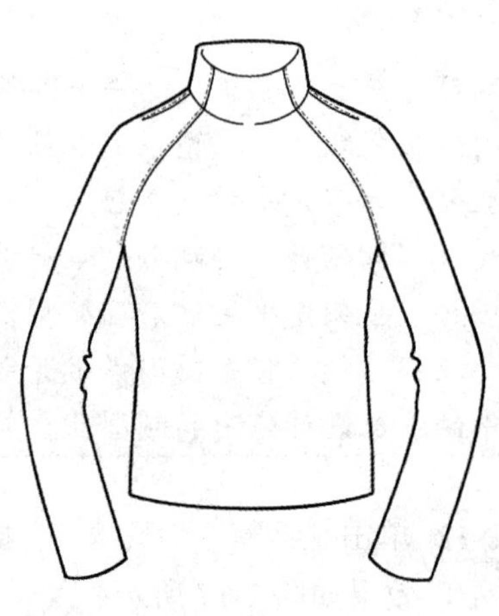

图2-21

**STEP 15** 单击“钢笔”工具 在两侧袖口处绘制缉明线，使缉明线处于选中状态，在“描边”面板中设置参数如图 2-22 所示，效果如图 2-23 所示。

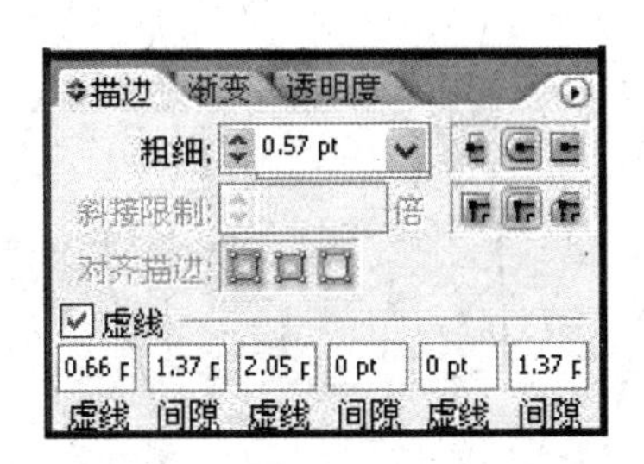


图2-22

图2-23

**STEP 16** 单击“钢笔”工具 在袖口处绘制图形，如图 2-24 所示，使图形处于选中状态，设置填充色为粉色（CMYK：0、80、16、0）。执行菜单中的【对象】/【变换】/【对称】命令，垂直镜像复制图形，移动图形到右侧袖口上，效果如图 2-25 所示。

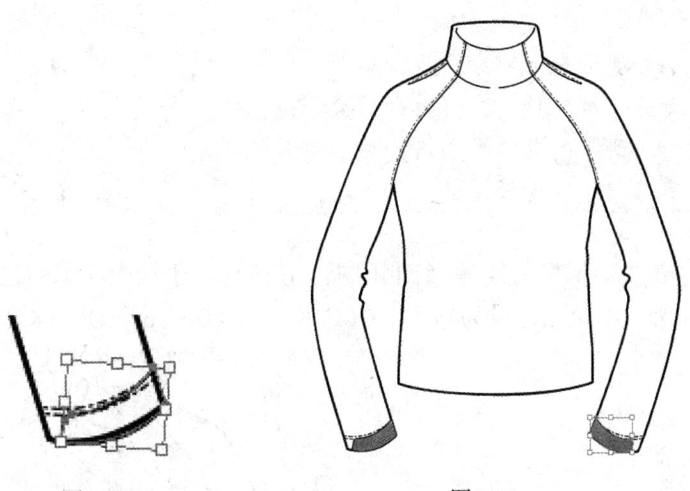

图2-24　　图2-25

## 相关知识

服装的袖型根据其与衣身的结合关系，可归纳为 4 种类型。

（1）连袖：袖子与衣身是一体的，中式服装以此类袖为主。

（2）装袖：袖子与衣身在人体的肩关节处相互连接，多为制服、西服袖。

（3）插肩袖：袖子与衣身的连接是由人体的腋下经肩内侧延至颈根而成。

（4）无袖：即以衣身的袖笼为基础加以变化所形成的袖型。

本例中的卫衣设计采用的袖型为插肩袖。

**STEP 17** 运用前面的方法绘制前片的分割线，并在分割线处及衣摆位置绘制缉明线，效果如图 2-26 所示。

**STEP 18** 运用前面的方法绘制挖袋的结构线及其缉明线，效果如图 2-27 所示。

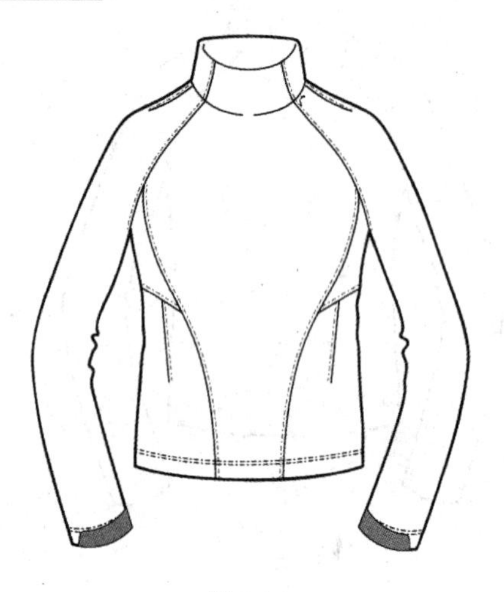

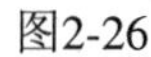

图2-26

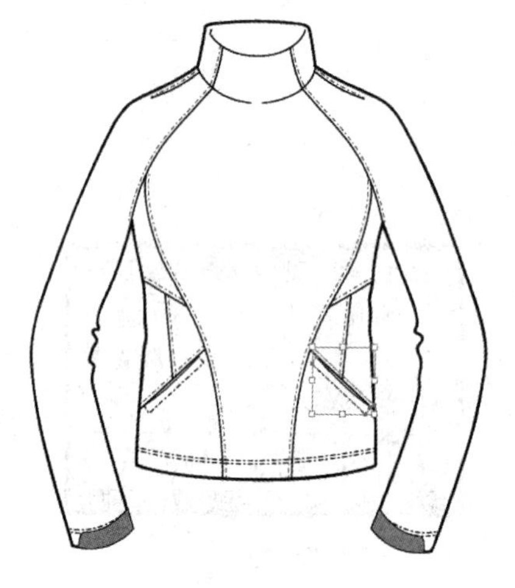

图2-27

**相关知识**

服装的口袋从外观形态上可分为两种类型。

（1）贴袋：如立体性口袋、牛仔裤的后袋都是贴袋。

（2）挖袋：如男西服的口袋、西裤的后袋都是挖袋。

本例中的卫衣采用的是挖袋设计。

**STEP 19** 单击“矩形”工具 绘制门襟，使矩形处于选中状态，在“描边”面板中设置参数如图 2-28 所示，填充色设为粉色（CMYK：0、80、16、0），效果如图 2-29 所示。

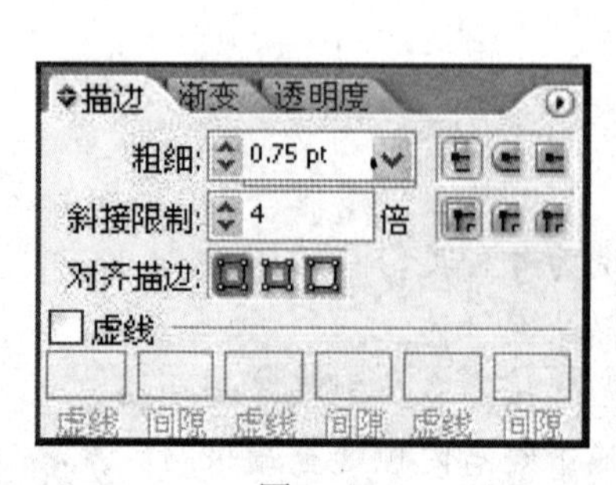


图2-28

图2-29

**STEP 20** 单击“钢笔”工具 在门襟位置绘制两条缉明线。使缉明线处于选中状态，在“描边”面板中设置参数如图 2-30 所示，效果如图 2-31 所示。

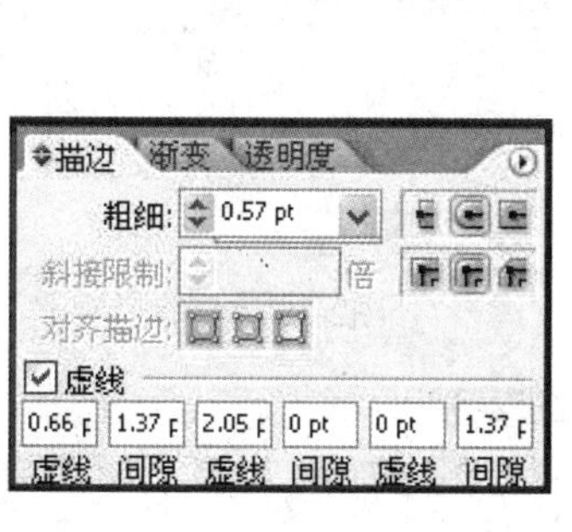

图2-30

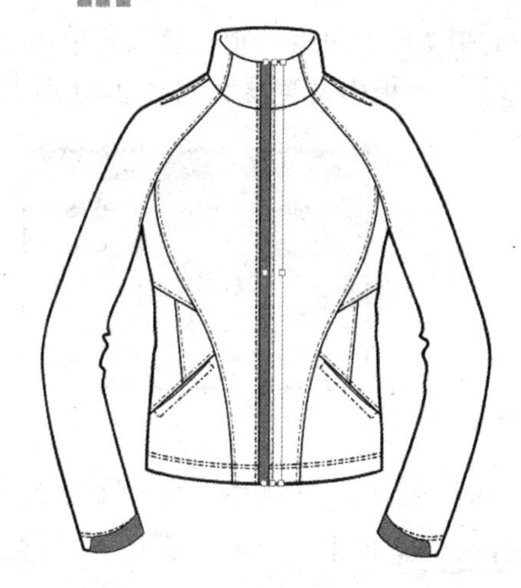
图2-31

**STEP 21** 接下来绘制拉链。单击“钢笔”工具 在门襟矩形中绘制直线，使直线处于选择状态，线条色设为灰色（CMYK：0、0、0、62），在“描边”面板中设置参数如图 2-32 所示，效果如图 2-33 所示。

**STEP 22** 按住【Alt】键拖动复制图形，并把复制的图形向右下方移动一定位置，效果如图 2-34 所示。

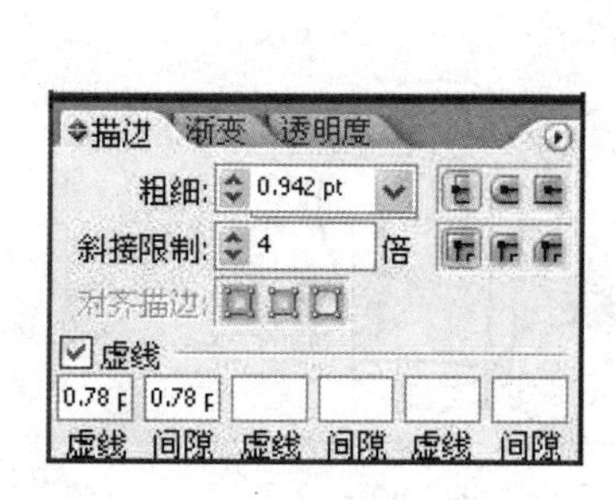


图2-32

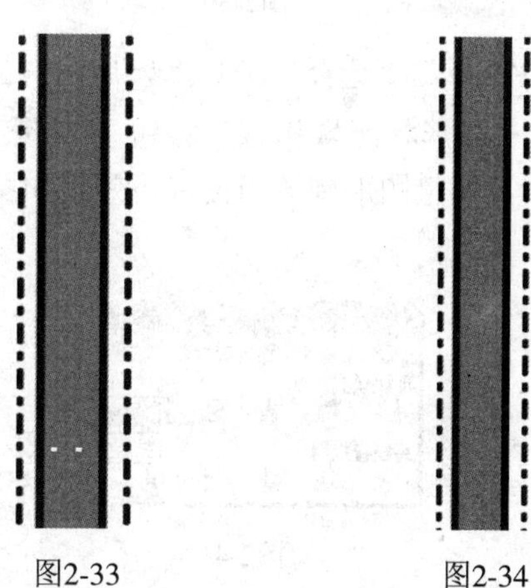
图2-33　　图2-34

**STEP 23** 单击“矩形”工具 ，在拉链的底部绘制一个矩形，设置填充色为白色（CMYK：0、0、0、0），在“描边”面板中设置参数如图 2-35 所示，效果如图 2-36 所示。

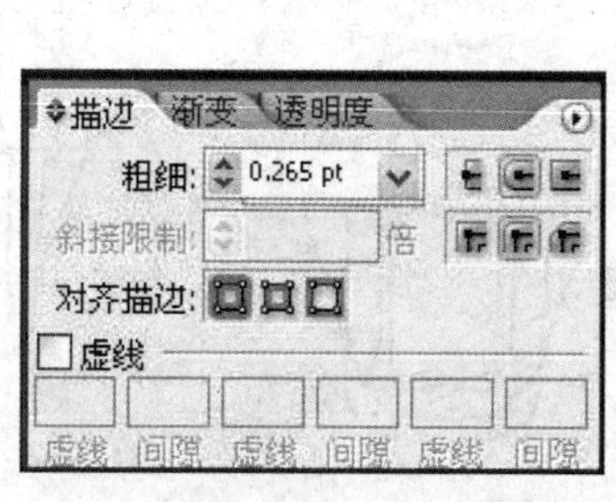


图2-35

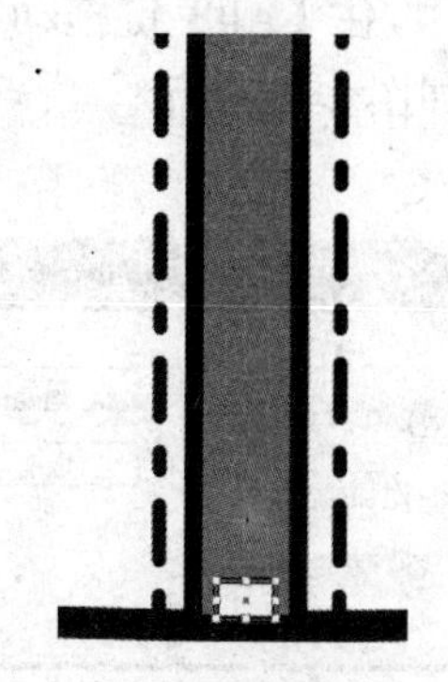
图2-36

**STEP 24** 下面来绘制拉链头。单击“钢笔”工具，绘制一个图形，设置填充色为无，在“描边”面板中设置参数如图 2-37 所示，效果如图 2-38 所示。

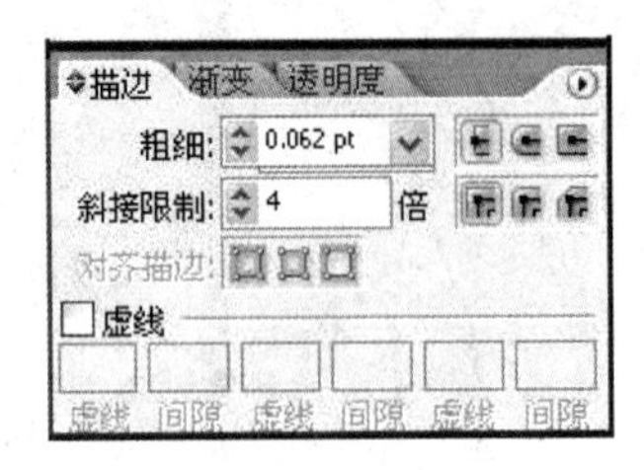


图2-37

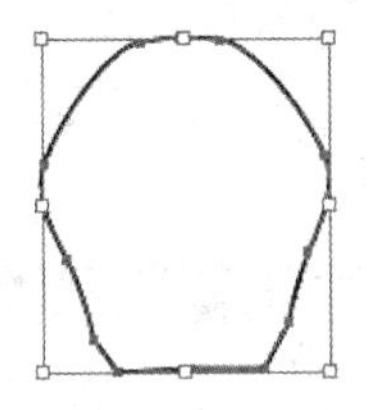

图2-38

**STEP 25** 单击“钢笔”工具，绘制一个图形，如图 2-39 所示。

**STEP 26** 单击“钢笔”工具，绘制一个图形，位置、形态如图 2-40 所示。

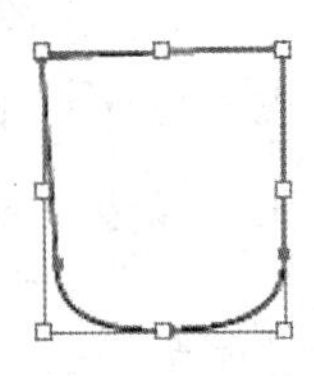

图2-39

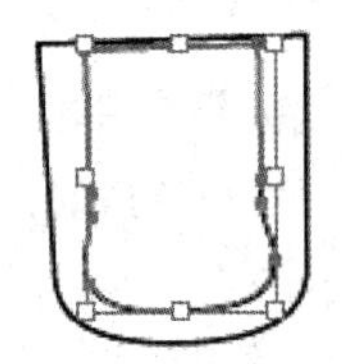

图2-40

**STEP 27** 单击“选择”工具，用框选的方法将两个图形同时选取，在“路径查找器”面板中单击“与形状区域相减”按钮，然后再单击“扩展复合形状”按钮扩展，如图 2-41 所示，调整图形到适当位置，效果如图 2-42 所示。

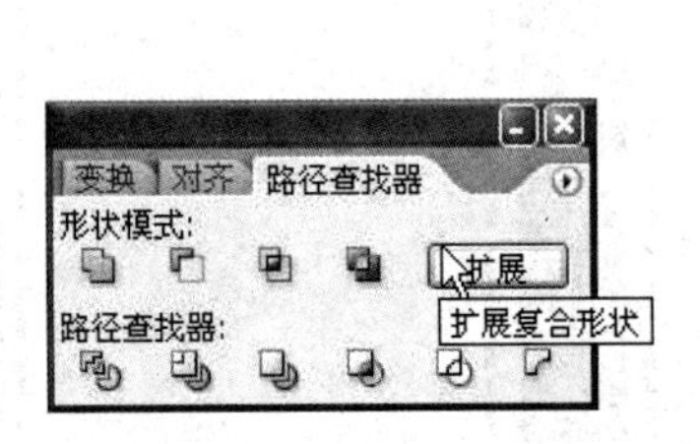


图2-41

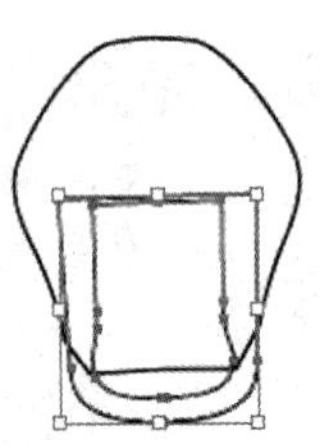

图2-42

**STEP 28** 单击“圆角矩形”工具，弹出【圆角矩形】对话框，设置如图 2-43 所示，效果如图 2-44 所示。

**STEP 29** 按住【Alt】键拖动复制所绘制的圆角矩形，调整复制得到的圆角矩形的大小与位置，效果如图 2-45 所示。

图2-43

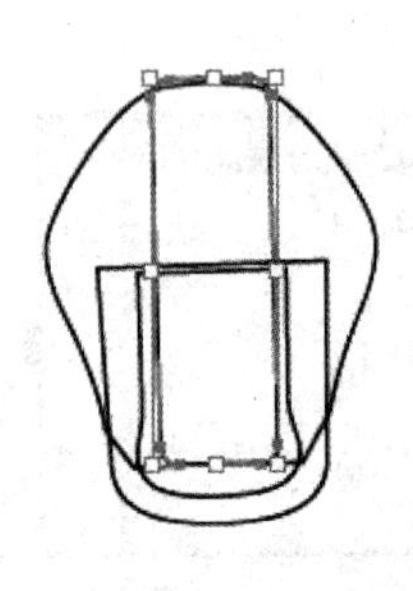

图2-44

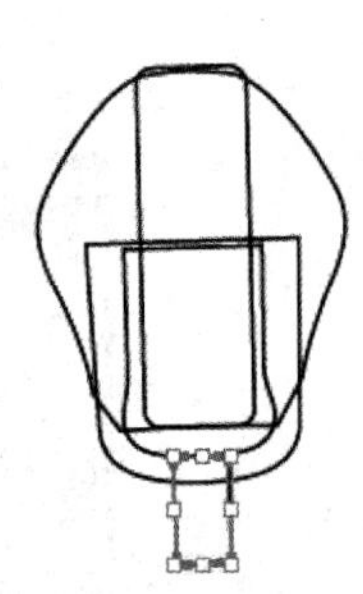

图2-45

**STEP 30** 单击“椭圆形”工具，在按住【Shift】键的同时，绘制一圆形，如图 2-46 所示。按【Ctrl】+【C】组合键，复制图形，按【Ctrl】+【F】组合键，将复制的图形粘贴在前面，单击“选择”工具，按住【Shift】+【Alt】组合键，等比例缩小图形，效果如图 2-47 所示。

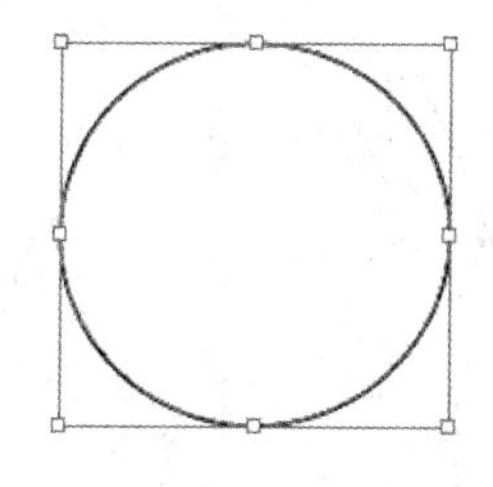

图2-46

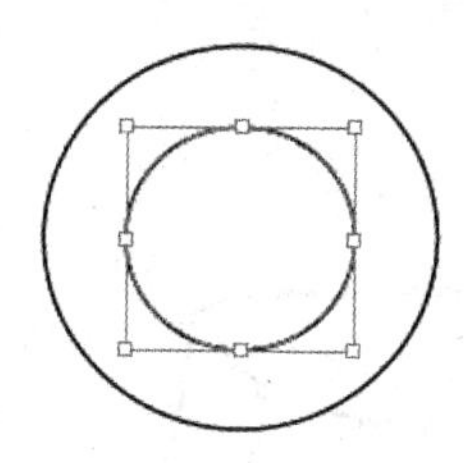

图2-47

**STEP 31** 单击“选择”工具，用框选的方法将两个图形同时选取，在“路径查找器”面板中单击“与形状区域相减”按钮，然后再单击“扩展复合形状”按钮 扩展 ，如图 2-48 所示。调整图形到适当位置，效果如图 2-49 所示。

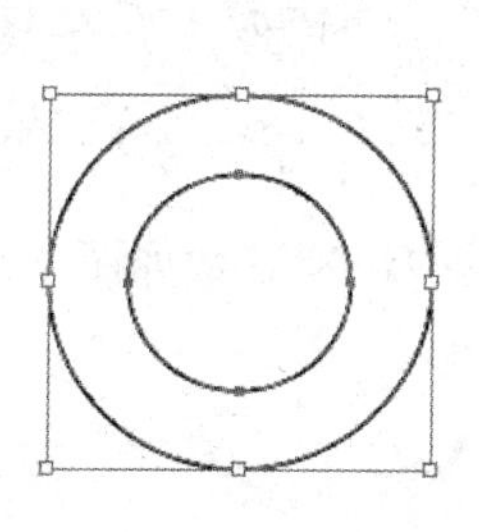

图2-48

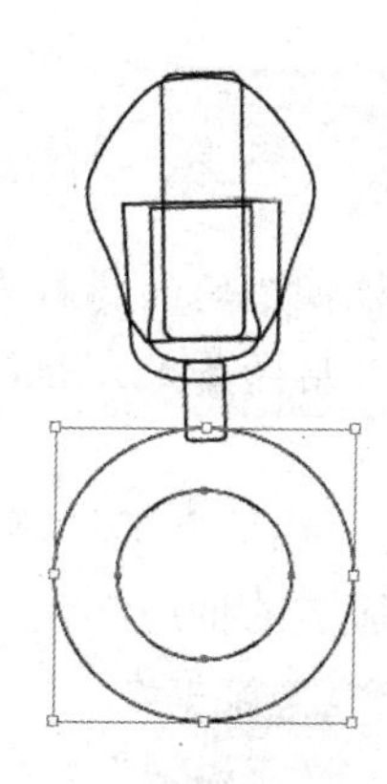

图2-49

**STEP 32** 单击“选择”工具，用框选的方法将所绘制图形同时选取，设置填充色为浅灰色（CMYK：0、0、0、20），效果如图 2-50 所示。

**STEP 33** 单击“矩形”工具，绘制一矩形，设置填充色为浅灰色（CMYK：0、0、0、20），线条色设置为无，调整图形到适当位置，效果如图 2-51 所示。

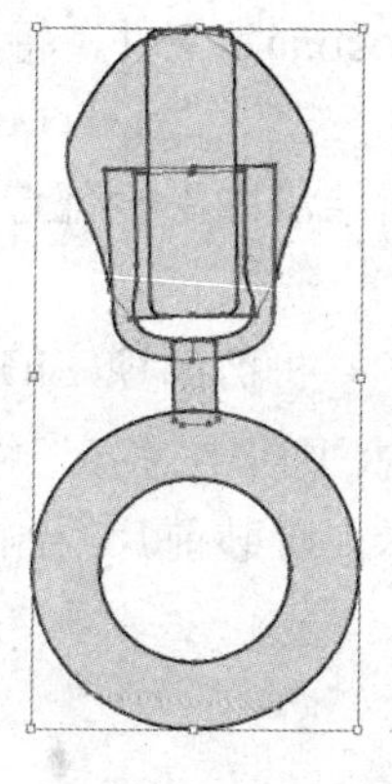

图2-50

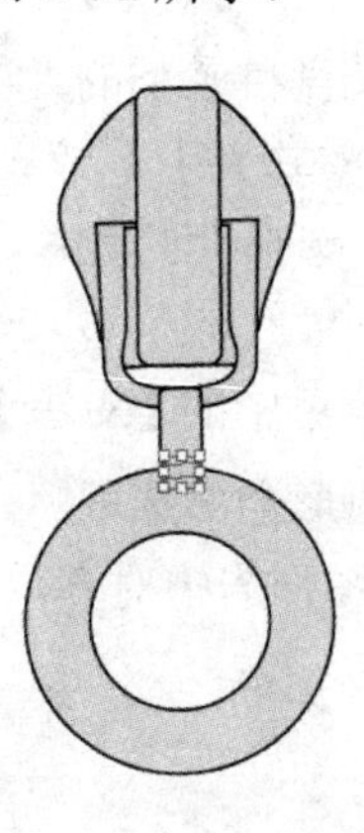

图2-51

**STEP 34** 单击“选择”工具，用框选的方法将所绘制图形同时选取，按【Ctrl】+【G】组合键群组图形，调整图形大小，把它移动到绘制好的拉链齿上，如图 2-52 所示，整体效果如图 2-53 所示。

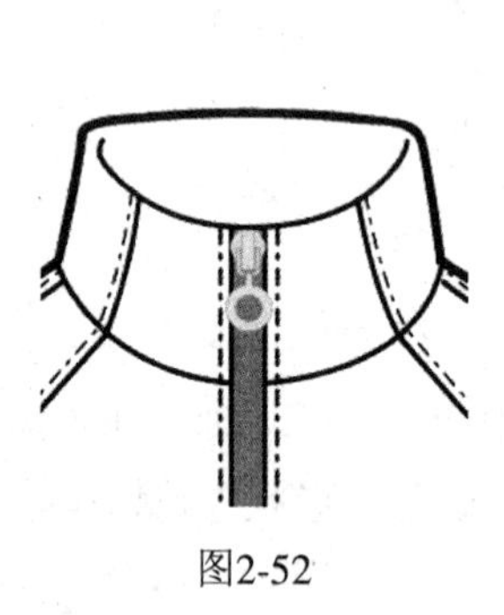

图2-52

图2-53

**相关知识**

服装中的拉链根据不同的材料可以分为金属拉链、塑胶拉链和尼龙拉链等。
本例中的卫衣采用的是尼龙拉链。

**STEP 35** 单击“铅笔”工具，在“描边”面板中设置参数如图 2-54 所示，在衣摆两侧绘制路径，作为服装的抽边绳扣，效果如图 2-55 所示。

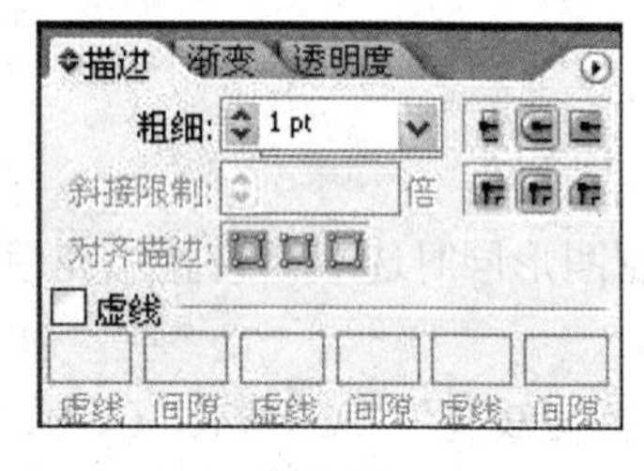


图2-54

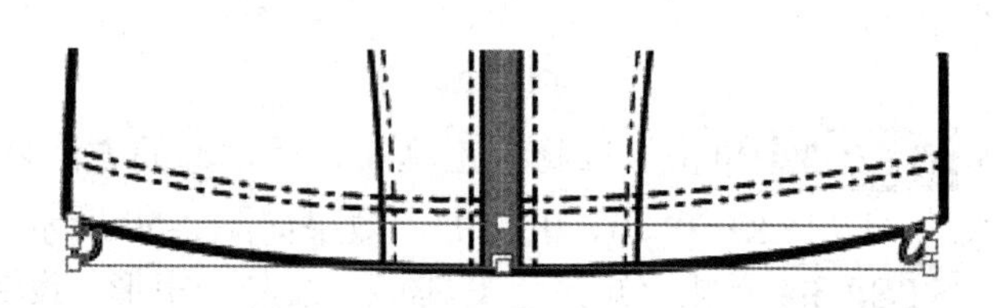

图2-55

**STEP 36** 打开光盘目录下的“项目二/素材/乔丹 logo.ai”文件，将其粘贴到页面中，移动到适当的位置并调整其大小，效果如图 2-56 所示。

**STEP 37** 单击“选择”工具，用圈选的方法将所绘制图形全部选取，按【Ctrl】+【G】组合键群组图形。

**STEP 38** 执行菜单中的【对象】/【全部解锁】命令，将前面锁定的图形解锁。按【Ctrl】+【A】组合键，将图形全部选取。单击属性栏中的“水平居中对齐”按钮和“垂直居中对齐”按钮，将图形居中对齐，效果如图 2-57 所示，服装前片绘制完成。

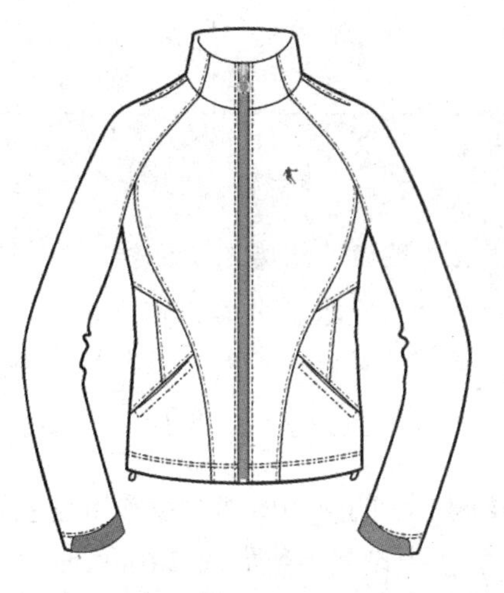
图2-56

图2-57

**STEP 39** 利用复制的方法得到如图 2-13 所示服装轮廓图形。单击“钢笔”工具绘制服装后片各部分分割线及缉明线，效果如图 2-58 所示。按【Ctrl】+【G】组合键群组图形。

**STEP 40** 按住【Ctrl】+【G】组合键群组图形，效果如图 2-59 所示。

图2-58

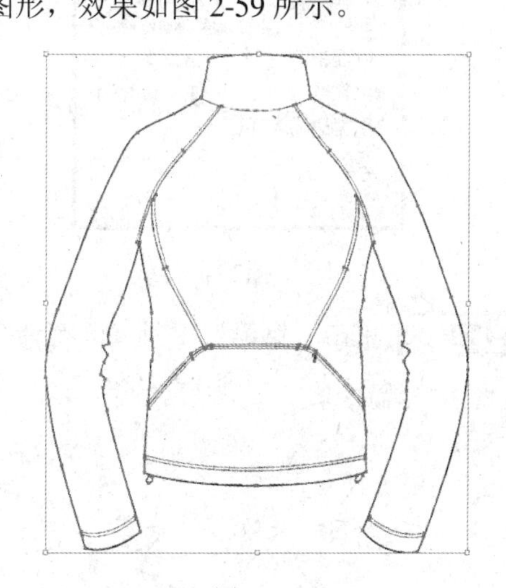
图2-59

**STEP 41** 利用复制的方法得到如图 2-9 所示图形。使图形处于选中状态，单击“选择”工具，按住【Shift】键将图 2-59 所示图形同时选取，单击属性栏中的“水平居中对齐”按钮和“垂直居中对齐”按钮，将图形居中对齐，并将图形群组，效果如图 2-60 所示，服装后片绘制完成。

## 任务二：服饰图案的设计

服饰图案是服装及其附件、配件上的装饰。服装的款式变化极为丰富，而图案的运用能为服装增添更多的美感。服饰图案通常应用在服装的领面、袖头、前胸、后背、裤脚等，这些部位都是图案的

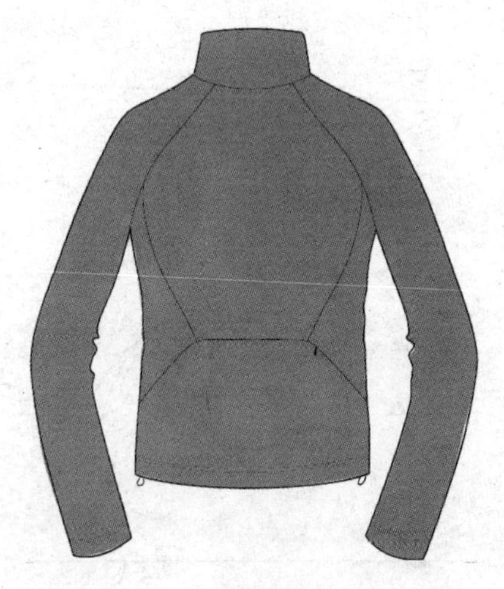
图2-60

装饰面。

## 相关知识

服饰图案从工艺上分为印花图案、绣花图案、扎染图案、蜡染图案、针织图案等多种表现形式。印花图案常用于男装T恤、休闲服饰，绣花图案常用于女装T恤、裙子、休闲裤，扎染图案、蜡染图案等常见于民族服饰，针织图案主要是通过不同的色彩和针法来表现。

本例中的卫衣采用的是印花图案设计。

**STEP 01** 单击“钢笔”工具，绘制一个花瓣形状的封闭图形，设置填充色为无，线条色为紫色（CMYK：0、80、16、52），“描边”面板中设置参数如图2-61所示，然后再利用“转换锚点”工具对绘制的图形进行调整，调整后的图形效果如图2-62所示。

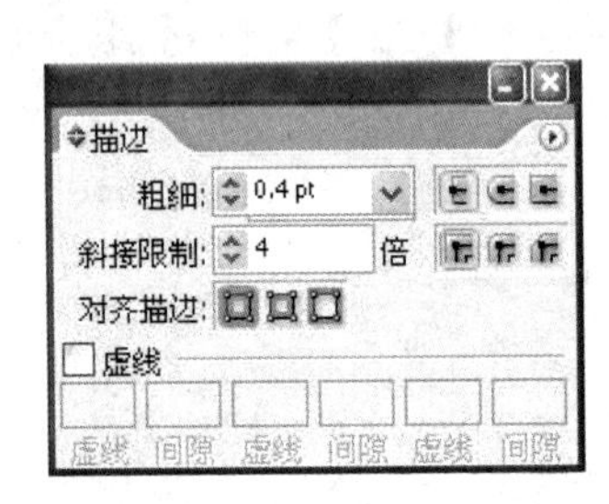


图2-61

图2-62

**STEP 02** 单击“钢笔”工具，绘制其他花瓣形状，如图2-63至图2-66所示。

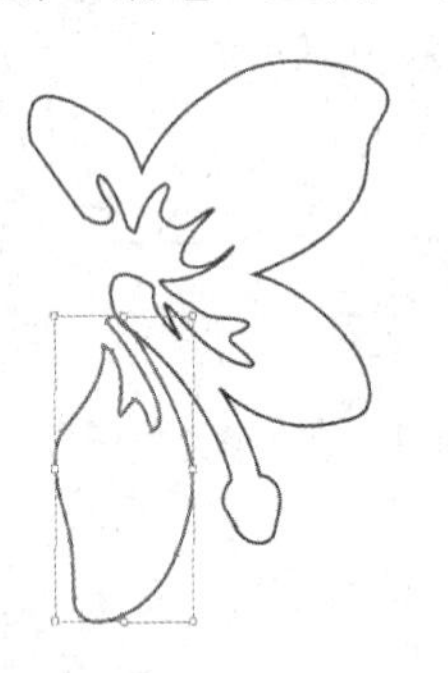

图2-63

图2-64

图2-65

图2-66

**STEP 03** 单击“选择”工具，用圈选的方法选取所绘制花瓣图形，按【Ctrl】+【G】组合键群组图形。

**STEP 04** 单击“钢笔”工具，绘制另外一个花朵形状的图形并将花瓣群组，效果如图 2-67 所示。

**STEP 05** 调整图形大小及位置，单击“选择”工具，用圈选的方法选取所绘制的两个花朵图形，按【Ctrl】+【G】组合键群组图形，效果如图 2-68 所示。

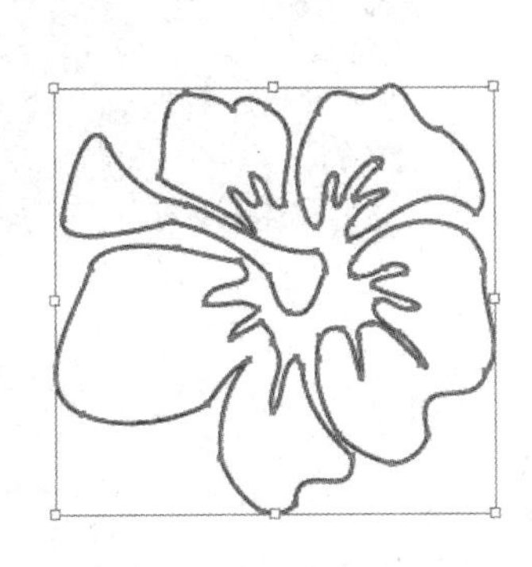

图2-67

图2-68

**STEP 06** 选择如图 2-68 所示花朵图案，把图案放到如图 2-60 所示服装的后背处，调整大小及位置，效果如图 2-69 所示。

**STEP 07** 单击“钢笔”工具，绘制一个封闭图形，效果如图 2-70 所示。

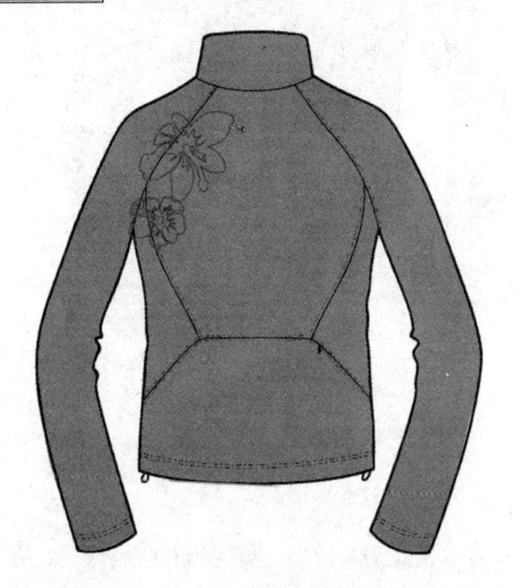

图2-69

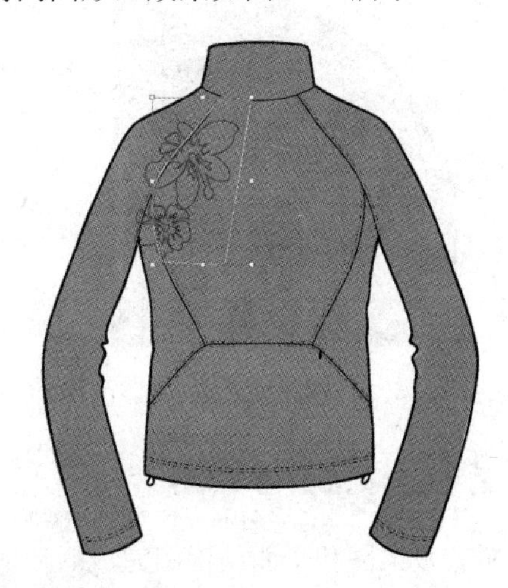

图2-70

**STEP 08** 按住【Shift】键，同时选择花朵图案，执行菜单中的【对象】/【剪切蒙版】/【建立】命令，建立剪切蒙版，效果如图 2-71 所示。

**STEP 09** 单击“钢笔”工具，绘制如图 2-72 所示路径。

**STEP 10** 选择所绘制路径，在工具箱中选中“路径文字”工具，在所选路径上单击，输入文本，字符属性栏设置如图 2-73 所示，效果如图 2-74 所示，整体效果如图 2-75 所示，服饰图案绘制完成。

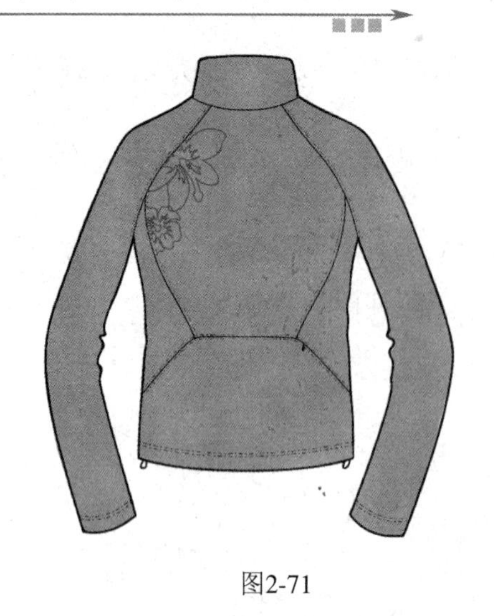

图2-71

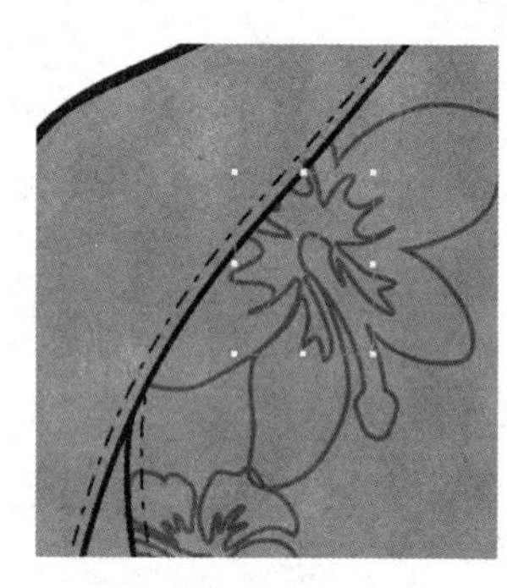

图2-72

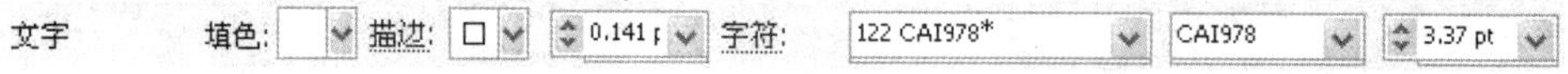

文字 填色: 描边: 0.141 字符: 122 CAI978* CAI978 3.37 pt

图2-73

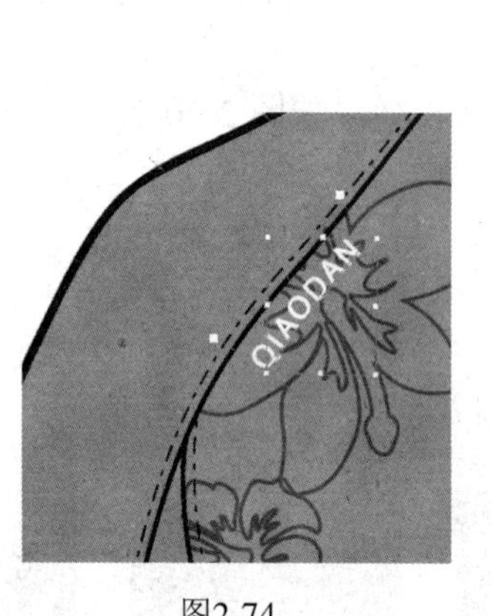


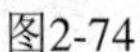

图2-74

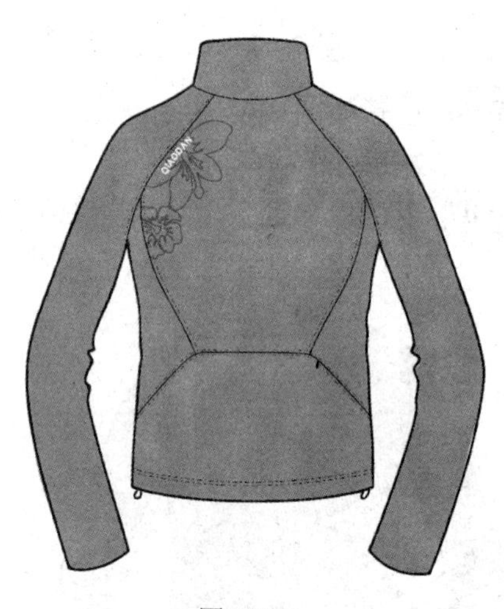


图2-75

## 任务三：添加文字说明

在服装效果图和平面结构图完成后还应附上必要的文字说明，如设计意图、主题、工艺制作要点、面辅料及配件的选用要求，以及装饰方面的具体问题等，要使文字与图画相结合，全面而准确地表达出设计构思的效果。

**STEP 01** 单击“直线段”工具 ，路径属性栏设置如图 2-76 所示，按住【Shift】键水平方向拖动鼠标，绘制一直线段，效果如图 2-77 所示。

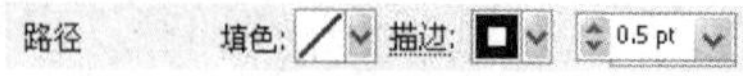

路径 填色: 描边: 0.5 pt

图2-76

**STEP 02** 单击“文字”工具 T，字符属性栏设置如图 2-78 所示，输入文本，效果如图 2-79 所示。

图2-77

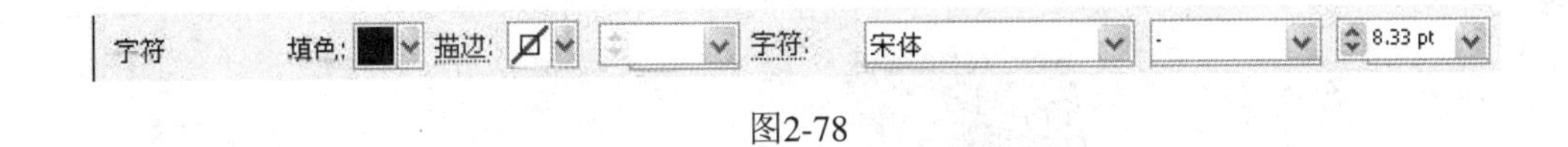


图2-78

**STEP 03** 用同样的方法，在设计图的相应位置输入文本，效果如图 2-80 和图 2-81 所示。

图2-79

图2-80

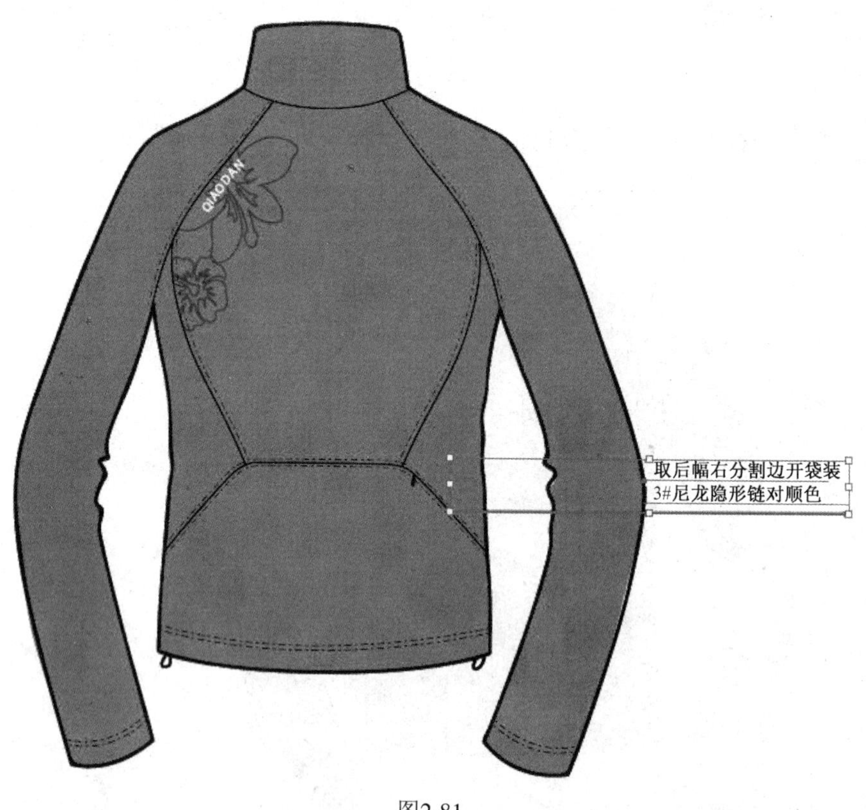


图2-81

**STEP 04** 在页面中调整所绘制图形的大小及位置，服装设计平面效果图制作完成，最后效果如图 2-82 所示。

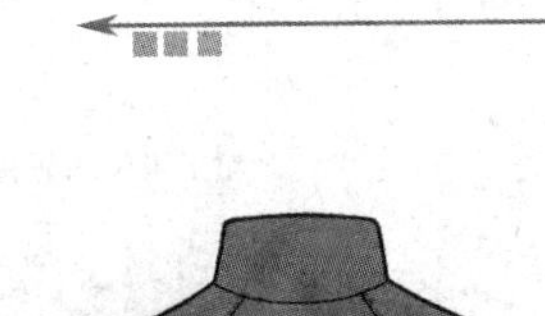

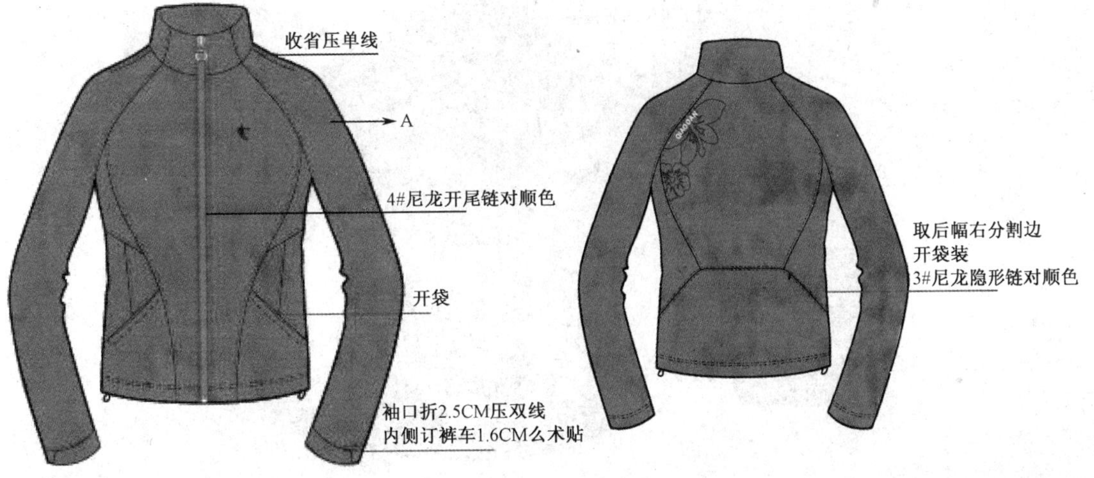


图2-82

## 服装设计作品欣赏

1．女户外风衣设计（如图 2-83、图 2-84、图 2-85 所示）

图2-83

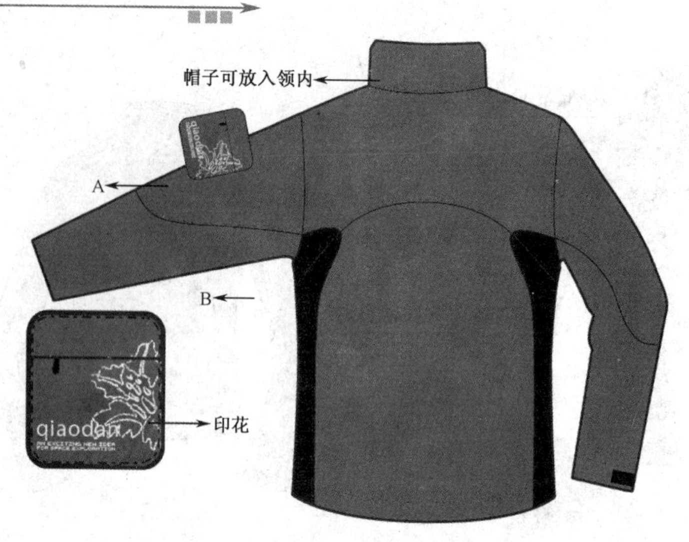


图2-84

配色

图2-85

2．户外休闲裤设计（如图 2-86、图 2-87、图 2-88 所示）

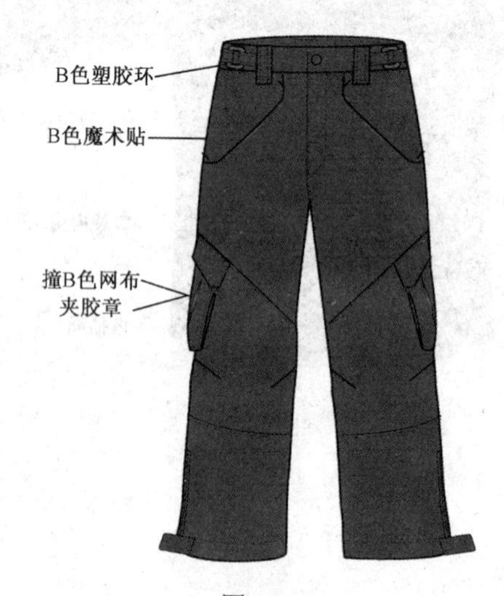


图2-86

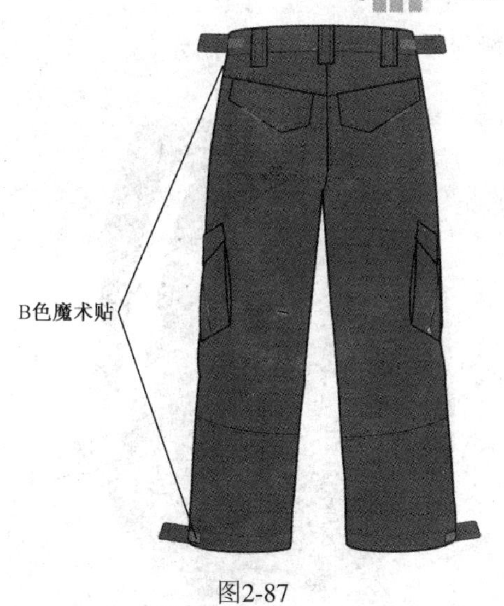


图2-87

配色

图2-88

3. 休闲 T 恤设计（如图 2-89 所示）

图2-89

4. 服饰配件——运动背包设计（如图 2-90 所示）

图2-90

相关知识

服饰配件设计也是服装设计的重要组成部分。服饰配件是除服装以外所有附加在人体上的装饰品，主要有包袋、腰带、鞋、袜、帽子、围巾、首饰等。

## 课后实训项目

1. 设计并绘制一款带有印花图案的女装 T 恤。
2. 设计并绘制一款男式休闲西装。
3. 设计并绘制一款女式高跟凉鞋。

# 中秋节海报设计

但願人長久
千裏共嬋娟
中秋
moon cake
中秋節
每年农历八月十五日，是传统的中秋佳节，这时是一年秋季的中期，所以被称为中秋。在中國的农历里，一年分为四季，每季又分为孟、仲、季三个部分，因而中秋也称仲秋。八月十五的月亮比其他几个月的满月更圓，更明亮，所以又叫做“月夕”，“八月节”。此夜，人们仰望天空如玉如盘的朗朗明月，自然会期盼家人团聚。远在他乡的游子，也借此寄托自己对故乡和亲人的思念之情。所以，中秋又称“團圓节”。

# 项目三　中秋节海报设计

## 任务引入

老师：大家在进入教学楼时，看到门上和墙上贴了什么了吗？

学生：有啊，看到门上和墙上贴的是文学社团的招聘海报。

老师：大家知道这张招聘海报是什么吗？

学生：不知道。

老师：它是一张商业海报，今天我们要讲的海报设计是设计一张公益海报，我们可以按下面的工作流程去做。

## 任务实施

### 海报设计（相关知识）

海报，又称为“招贴”。作为一种最鲜明、最具视觉感染力、号召力、宣传功能的艺术载体，海报是现代视觉传媒设计中最大众化的艺术形式之一。作为信息传播的工具，海报在人类社会活动中扮演着十分重要的角色。图形和文字的巧妙运用，使海报成为强有力的传播媒介，适合于进行政治、公益和各种公共活动的宣传。它点缀着城市的街道、社区的环境、都市的色彩，成为人们生活中不可或缺的部分。

海报按其应用不同大致可以分为商业海报、文化海报、电影海报和公益海报等。

（1）商业海报。商业海报指宣传商品或商业服务的商业广告性海报。商业海报的设计，要恰当地配合产品的格调和受众对象。

（2）文化海报。文化海报指各种社会文娱活动及各类展览的宣传海报。展览的种类很多，不同的展览都有它各自的特点，设计师需要了解展览和活动的内容才能运用恰当的方法表现其内容和风格。

（3）电影海报。电影海报是海报的分支。电影海报主要是起到吸引观众注意、刺激电影票房收入的作用，与戏剧海报、文化海报等有几分类似。

（4）公益海报。公益海报是带有一定思想性的海报。这类海报具有特定的对公众的教育意义，其海报主题包括各种社会公益、道德的宣传，或政治思想的宣传，弘扬爱心奉献、共同进步的精神等。

海报设计五要素：

（1）要有很高的注意度和很强的视觉冲击力，这是对海报招贴设计的最基本要求。

（2）表达的内容要精炼集中，抓住主要诉求点，增强易读性和记忆度。

（3）内容不可过多，构图要简洁明快、合理有序。

（4）一般以图片为主，文案为辅。

（5）主题字体醒目，特别是其标题部分，要简明扼要，表达目标明确，紧扣主题。

本项目以中华传统节日——中秋节的文化宣传海报为例，介绍利用 Adobe Illustrator 软件设计制作海报的操作方法和步骤。海报最终效果图如图 3-1 所示。

图3-1

## 海报设计过程

### 任务一：海报背景的设计与制作

**STEP 01** 打开 Adobe Illustrator 软件，执行菜单栏中的【文件】/【新建】命令，或按【Ctrl】+【N】组合键，打开【新建】对话框，设置【名称】为“中秋节”，【大小】为 A4，【取向】为纵向，如图 3-2 所示。

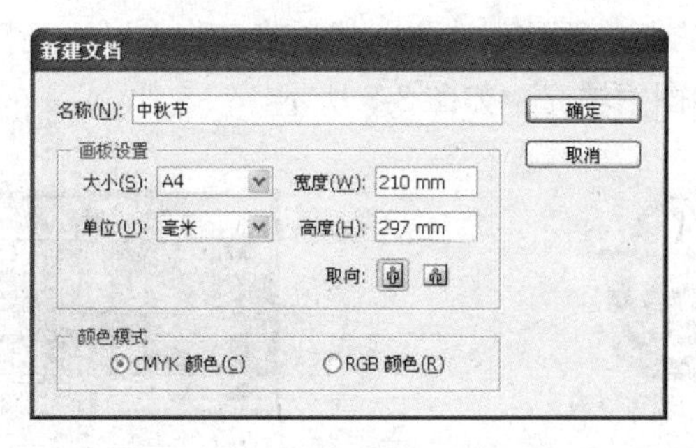


图3-2

**STEP 02** 单击工具箱中的“矩形”工具，在页面中绘制一个矩形，描边设置为无，颜色填充为深红色（CMYK：25、100、100、25）到黄色（CMYK：0、50、100、0）的线性渐变，渐变参数设置如图 3-3 所示。图形填充效果如图 3-4 所示。

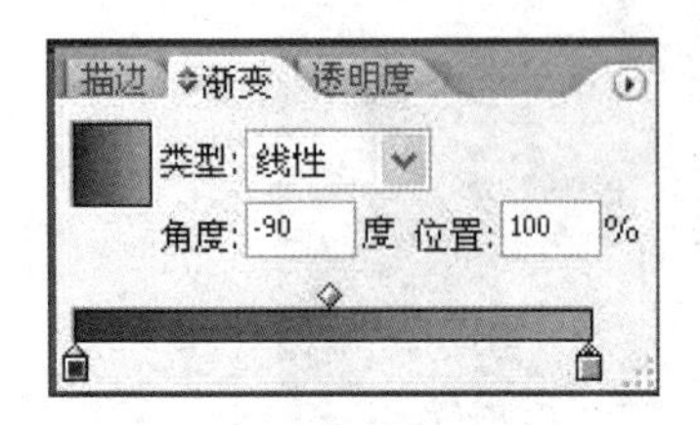

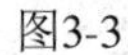

图3-3

图3-4

**STEP 03** 执行菜单中的【窗口】/【符号库】/【艺术纹理】命令，调出“艺术纹理”符号库面板，如图 3-5 所示。

**STEP 04** 在打开的“艺术纹理”符号库面板中选择“印象派”纹理，然后将其向页面中拖动，此时印象派纹理会自动显示在页面中，如图 3-6 所示。

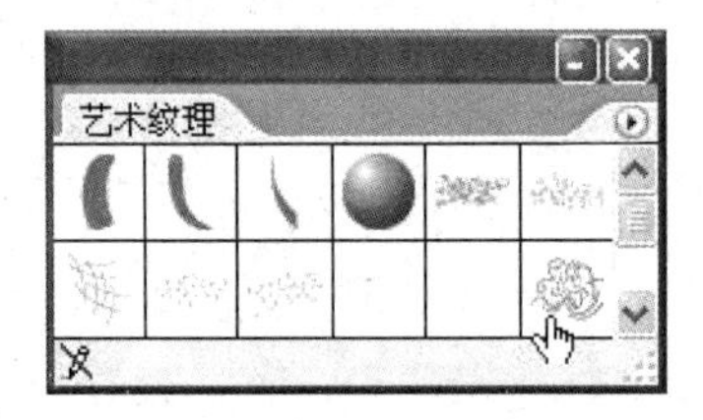


图3-5

图3-6

**STEP 05** 选中“印象派”纹理，单击“符号库”面板下方的“断开符号链接”按钮，然后再将其填充颜色和描边颜色均设置为深红色（CMYK：25、100、100、25），描边粗细设置为 2pt，效果如图 3-7 所示。

**STEP 06** 将调整好的印象派纹理选中，然后将其拖动到“色板”面板中，此时“色板”面板中就生成了一个新的图案填充，如图 3-8 所示。

图3-7

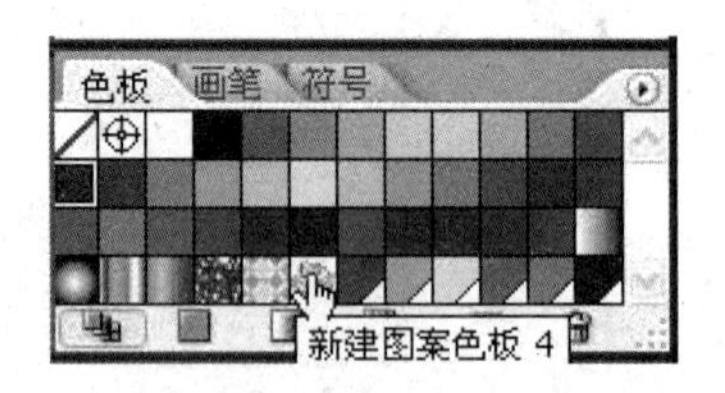


图3-8

**STEP 07** 单击工具箱中的“矩形”工具，在页面中绘制一个矩形，描边设置为无，颜色填充设置为无，如图 3-9 所示。然后，在“色板”面板中单击新添加的图案，此时填充效果如图 3-10 所示。

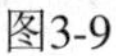

图3-9

图3-10

**STEP 08** 选中填充新添加图案的矩形，在“透明度”面板中，将其不透明度设置为30%，如图3-11所示，使之与背景相适应，效果如图3-12所示。

图3-11

图3-12

**STEP 09** 单击工具箱中的“直线段”工具，在按住【Shift】键的同时，在页面中绘制一条直线，描边设置为深红色（CMYK：25、100、100、25），描边粗细设置为3pt，效果如图3-13所示。

**STEP 10** 单击工具箱中的“选择”工具，选取填充渐变色背景图形。按【Ctrl】+【C】组合键复制图形，按【Ctrl】+【A】组合键将所绘制图形全部选取，按【Ctrl】+【G】组合键将图形编组，按【Ctrl】+【F】组合键将所复制图形贴粘在前面。再按【Ctrl】+【A】组合键，将所绘制图形全部选取，执行菜单栏中的【编辑】/【剪切蒙版】/【建立】命令，或按【Ctrl】+【7】组合键，建立剪切蒙版，效果如图3-14所示。

图3-13

图3-14

## 任务二：添加海报的主要内容

**STEP 01** 单击工具箱中的“椭圆”工具，在按住【Shift】键的同时，在页面中绘制一个圆形，设置颜色填充为黄色（CMYK：0、25、100、0），描边设置为无，如图3-15所示。单击“选择”工具，选取图形，按【Ctrl】+【C】组合键复制图形，按【Ctrl】+【F】组合键将所复制图形贴粘在前面。按住【Ctrl】+【Shift】组合键，等比例缩小图形，设置图形填充色为深黄色（CMYK：0、50、100、0），效果如图3-16所示。

图3-15

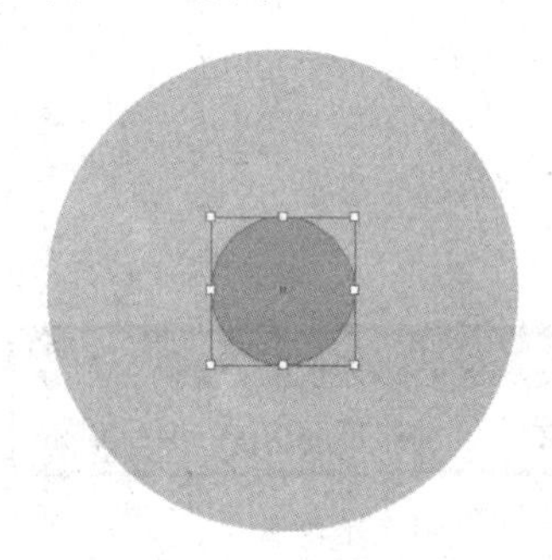

图3-16

**STEP 02** 双击工具箱中的“混合”工具，弹出【混合选项】对话框，设置如图3-17所示，单击“确定”按钮，分别在两个圆形上单击，混合后得到月亮图形，效果如图3-18所示。

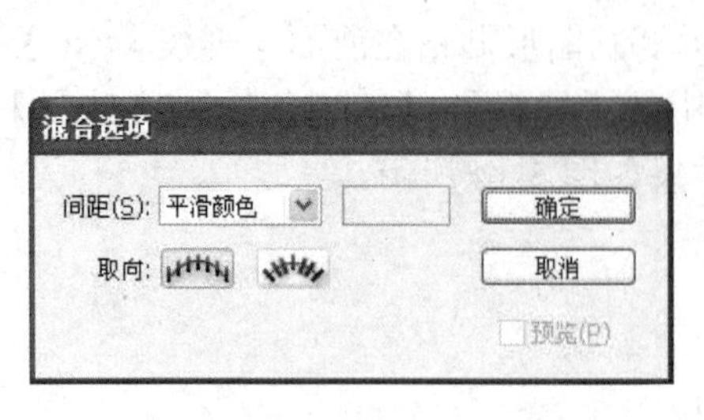


图3-17

图3-18

**STEP 03** 单击“选择”工具，选取月亮图形，拖动到适当位置，如图3-19所示。执行菜单栏中的【效果】/【风格化】/【外发光】命令，弹出【外发光】对话框，将外发光颜色设置为白色，其他参数设置如图 3-20 所示，单击“确定”按钮，效果如图 3-21 所示。

图3-19

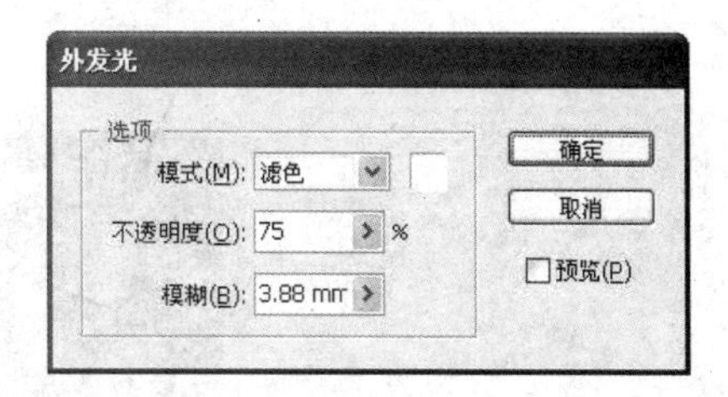


图3-20

图3-21

**STEP 04** 单击 “椭圆” 工具，绘制多个椭圆，分别填充椭圆为白色并设置描边色为无。单击 “选择” 工具，分别在“透明度”面板中设置适当的透明度。单击 “旋转” 工具，分别调整椭圆到适当的角度，效果如图 3-22 所示。

**STEP 05** 单击“选择”工具，按住【Shift】键的同时，选中所有绘制的椭圆，按【Ctrl】+【G】组合键将其编组。按住【Alt】键，将编组后的图形拖动复制，调整到适当的位置，效果如图 3-23 所示。

图3-22

图3-23

**STEP 06** 单击工具箱中的“椭圆”工具，在页面中拖动绘制一个四角星，填充为白色，描边设置为无，效果如图 3-24 所示。

**STEP 07** 执行菜单栏中的【效果】/【风格化】/【羽化】命令，弹出【羽化】对话框，设置羽化半径为 1mm，效果如图 3-25 所示。

图3-24

图3-25

**STEP 08** 单击工具箱中的“椭圆”工具，绘制一个正圆，填充为白色，描边设置为无，效果如图 3-26 所示。

**STEP 09** 执行菜单栏中的【效果】/【风格化】/【羽化】命令，设置羽化半径为 1mm，效果如图 3-27 所示。

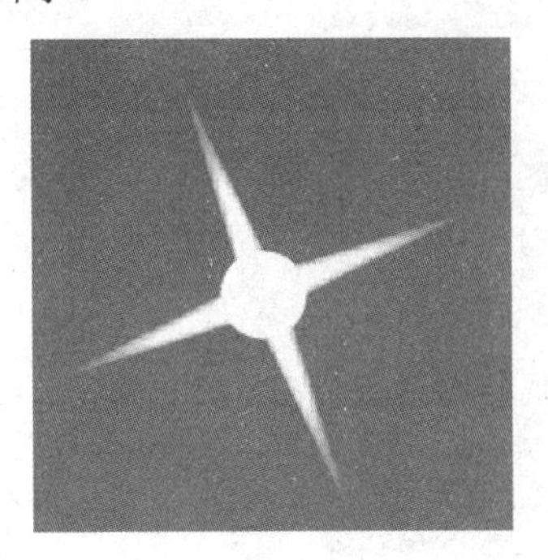

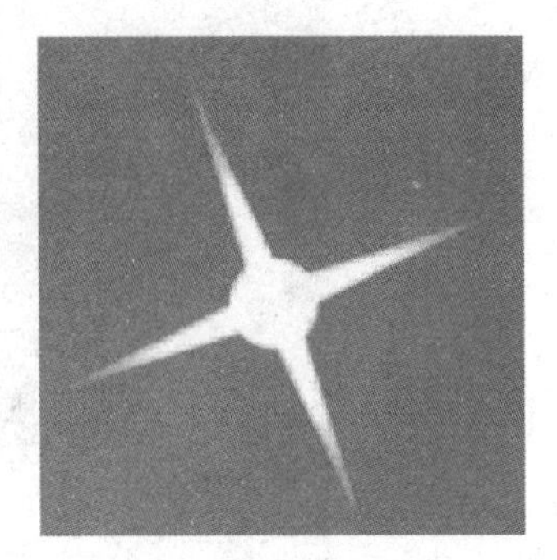

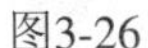

图3-26　　图3-27

**STEP 10** 将羽化后的四角星和正圆选中，进行编组。将编组后的图形复制多份，然后再分别调整其大小并移动放置到合适的位置，效果如图 3-28 所示。

**STEP 11** 接下来绘制桂花。选择工具箱中的“钢笔”工具，绘制树干的形状路径，效果如图 3-29 所示。

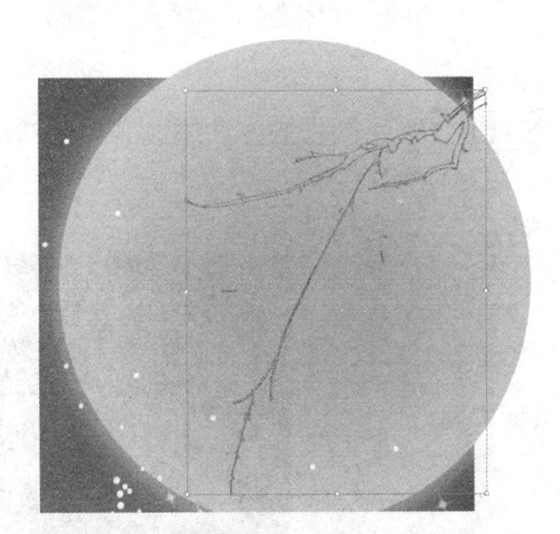

图3-28　　图3-29

**STEP 12** 选取树干图形，设置填充颜色为深红色（CMYK：25、100、100、25），描边设置为无，效果如图 3-30 所示。

**STEP 13** 选择工具箱中的“钢笔”工具，绘制花朵的花瓣形状，效果如图 3-31 所示。

**STEP 14** 选中所有绘制的花瓣，按【Ctrl】+【G】组合键，将花瓣编组。设置颜色填充为白色，描边设置为无，效果如图 3-32 所示。

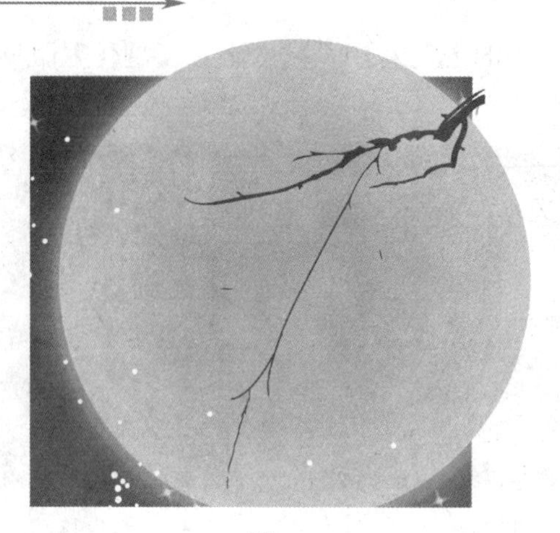

图3-30

图3-31

图3-32

**STEP 15** 用同样的方法绘制其他形状的花朵，并将这些花朵复制、缩放大小、调整位置，效果如图 3-33 所示。

图3-33

**STEP 16** 选中树干和所有花朵，按【Ctrl】+【G】组合键，将图形编组。按住【Alt】键，拖动复制编组后的图形，调整图形的大小及位置，效果如图 3-34 所示。

图3-34

**STEP 17** 按【Ctrl】+【A】组合键，将绘制的图形全部选取。按【Ctrl】+【G】组合键，将图形编组。单击“矩形”工具，在页面中绘制一个如图 3-35 所示矩形。同时选取矩形和编组后图形，执行菜单栏中的【编辑】/【剪切蒙版】/【建立】命令，或按【Ctrl】+【7】组合键，建立剪切蒙版，效果如图 3-36 所示。

图3-35

**STEP 18** 单击“椭圆”工具，按住【Shift】键的同时，在页面中绘制一个圆形，描边设置为无，颜色填充为白色（CMYK：0、0、0、0）到黑色（CMYK：0、0、0、100）的径向渐变，渐变参数设置如图 3-37 所示，效果如图 3-38 所示。

**STEP 19** 选中所绘制圆形，在“透明度”面板中，将其混合模式设置为滤色，不透明度为 48%，如图 3-39 所示，图形效果如图 3-40 所示。

图3-36

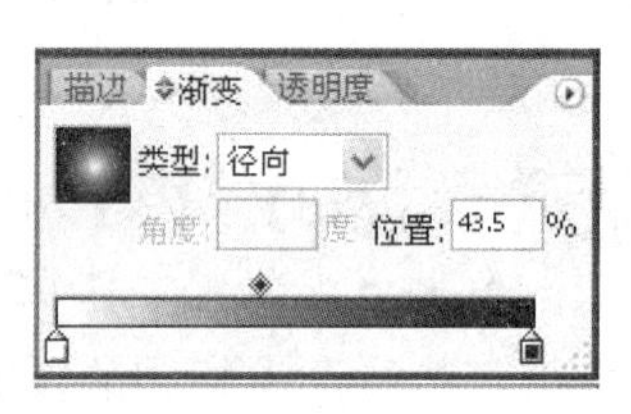


图3-37

图3-38

图3-39

图3-40

**STEP 20** 按住【Alt】键，拖动复制一圆形，在“透明度”面板中，将其不透明度设为100%，调整图形的大小及位置，效果如图 3-41 所示。

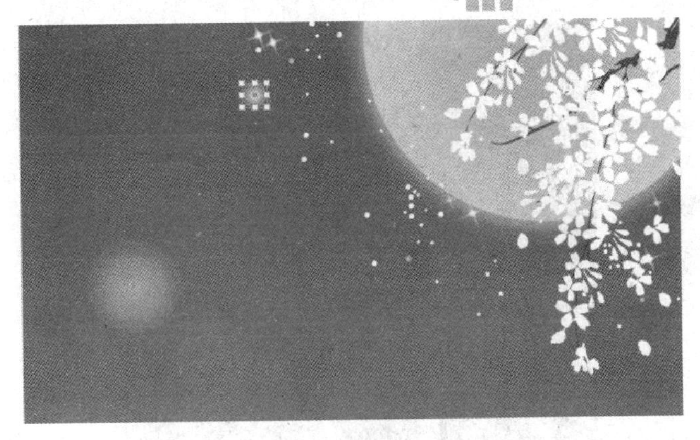

图3-41

**STEP 21** 按【Ctrl】+【A】组合键，将绘制的图形全部选取。按【Ctrl】+【G】组合键，将图形编组。图形整体效果如图 3-42 所示。

图3-42

## 任务三：添加海报文字效果

**STEP 01** 单击工具箱中的“直排文字”工具，在页面中输入文字，设置颜色为白色，其他属性如图 3-43 所示。选中所输入文字，在“透明度”面板中，将其混合模式设置为叠加，如图 3-44 所示，效果如图 3-45 所示。

图3-43

图3-44

图3-45

**STEP 02** 单击工具箱中的“文字”工具T，在页面中输入文字“中”，设置填充颜色为黄色（CMYK：0、25、100、0），描边颜色为桔黄色（CMYK：0、50、100、0），其他属性如图 3-46 所示，效果如图 3-47 所示。

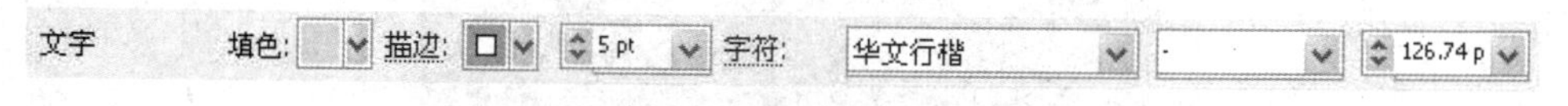


图3-46

图3-47

**STEP 03** 同样的方法在页面中输入文字“秋”，文字属性如图 3-48 所示，效果如图 3-49 所示。

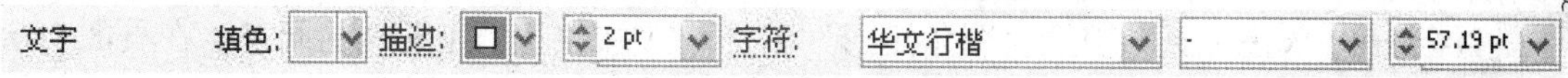

文字　填色:　描边:　2 pt　字符:　华文行楷　-　57.19 pt

图3-48

图3-49

**STEP 04**　同样的方法在页面中输入英文字符“moon cake”，设置填充颜色为白色，描边颜色为无，其他属性如图 3-50 所示。选中所输入字符，在“透明度”面板中，将其不透明度设置为 60%，效果如图 3-51 所示。

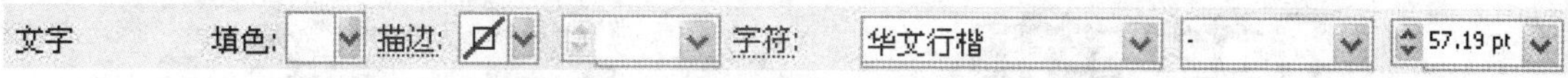

文字　填色:　描边:　字符:　华文行楷　-　57.19 pt

图3-50

图3-51

**STEP 05** 单击工具箱中的“圆角矩形”工具，按住【Shift】键的同时，在页面中绘制一个圆角正方形，颜色填充为无，描边设置为黑色，描边粗细设置为 4pt，效果如图 3-52 所示。选中所绘制的圆角正方形，按【Ctrl】+【C】组合键，复制图形，按【Ctrl】+【F】组合键，将所复制图形贴粘在前面，设置复制得到图形的描边颜色为红色（CMYK：0、100、100、0），调整图形的位置，然后同时选中两个圆角正方形，按【Ctrl】+【G】组合键，将图形编组，效果如图 3-53 所示。

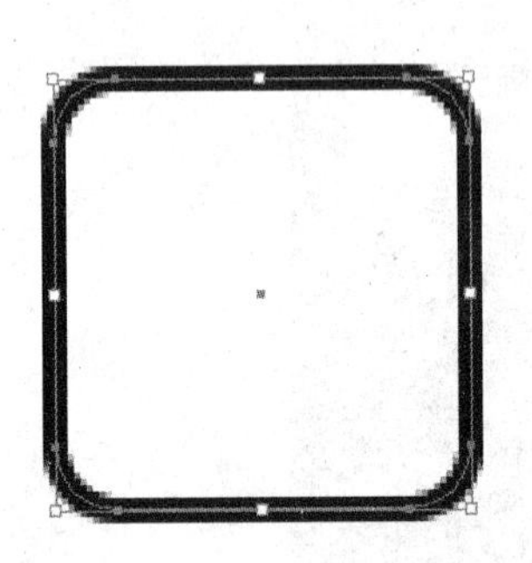
图3-52

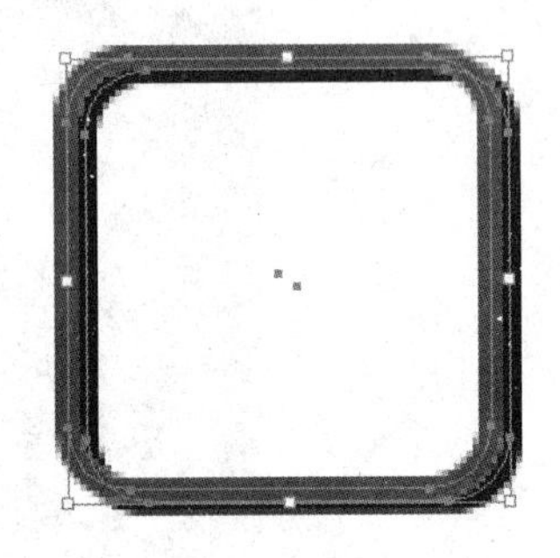
图3-53

**STEP 06** 单击“直排文字”工具，在页面中输入文字“恭贺佳节”，设置字体为汉鼎繁印篆，大小为 30pt，填充颜色为黑色，效果如图 3-54 所示。选中文字，按【Ctrl】+【C】组合键，复制文字，按【Ctrl】+【F】组合键，将所复制文字贴粘在前面，设置复制得到文字的填充颜色为红色（CMYK：0、100、100、0）。调整文字的位置，同时选中两层文字，按【Ctrl】+【G】组合键编组，效果如图 3-55 所示。

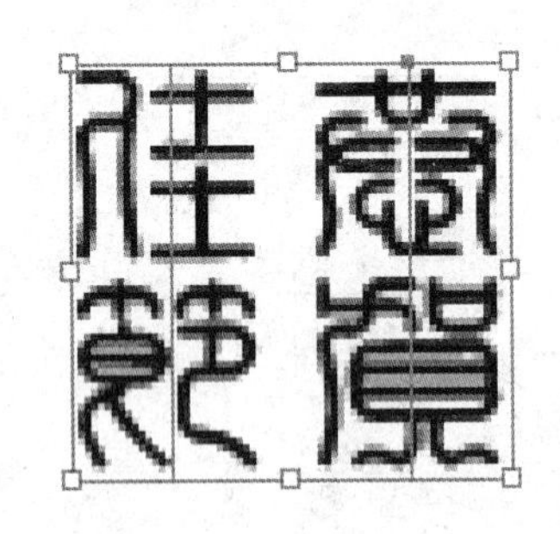
图3-54

图3-55

**STEP 07** 将图 3-53 与图 3-55 所示图形调整位置与大小后，按【Ctrl】+【G】组合键编组，如图 3-56 所示。然后，将编组后图形拖放到海报适当位置，并在“透明度”面板中，将其不透明度设置为 85%，效果如图 3-57 所示。

**STEP 08** 执行菜单栏中的【文件】/【置入】命令，打开【置入】对话框，选择光盘目录下的“素材/月饼.jpg”文件，图像就显示到页面中，单击图像属性栏的“嵌入”按钮 嵌入 ，然后调整其位置和大小，效果如图 3-58 所示。

**STEP 09** 单击“椭圆”工具，在如图 3-59 所示位置绘制一个椭圆。同时选取置入图像，按【Ctrl】+【7】组合键，建立剪切蒙版，效果如图 3-60 所示。

图3-56

图3-57

图3-58

图3-59

图3-60

**STEP 10** 将图像选中，执行菜单栏中的【效果】/【风格化】/【羽化】命令，打开【羽化】对话框，设置羽化半径为 8mm，效果如图 3-61 所示。

图3-61

**STEP 11** 单击“直排文字”工具，在页面中输入文字“中秋节”，设置字体为汉鼎繁印篆，大小为30pt，填充颜色、描边颜色均设置为黑色，效果如图3-62所示。

图3-62

**STEP 12** 单击工具箱中的“直线段”工具，按住【Shift】键的同时，在页面中绘制一条垂直线，描边设置为深红色（CMYK：25、100、100、25），描边粗细为1pt，效果如图3-63所示。

图3-63

**STEP 13** 单击“矩形”工具，绘制一个矩形，填充颜色、描边颜色均设为无，如图3-64所示。

图3-64

**STEP 14** 选中所绘制矩形。选择工具箱中的“直排区域文字”工具，在选中的矩形上单击鼠标，在所选对象区域内输入文字，文字属性设置如图 3-65 所示，效果如图 3-66 所示。至此整个中秋节日海报绘制完成，最终效果如图 3-67 所示。

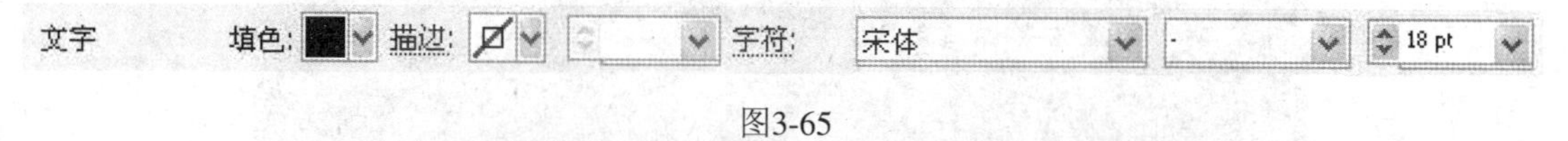


图3-65

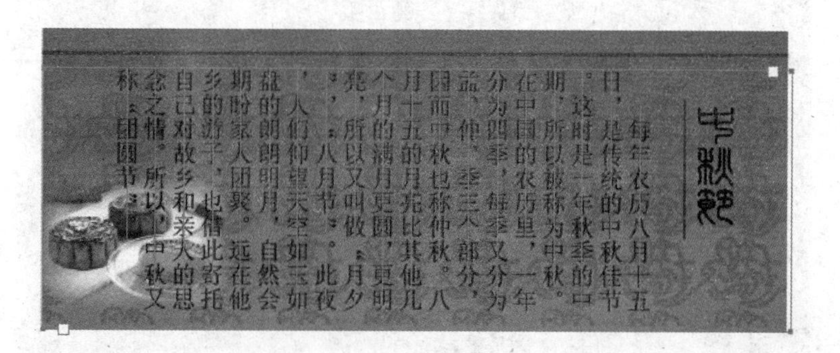

图3-66

图3-67

## 海报设计欣赏

海报是一种信息传递艺术，是一种大众化的宣传工具。海报设计必须有相当的号召力与艺术感染力，要调动形象、色彩、构图、形式感等因素形成强烈的视觉效果；它的画面应有较强的视觉中心，应力求新颖、单纯，还必须具有独特地艺术风格和设计特点。

为了让读者能更直观地了解各类海报特点，下面给大家展示一些优秀的海报设计作品，读者可以试着寻找素材自己完成。

1. 电影海报（如图 3-68 所示）

图3-68

2. 文化节海报（如图 3-69 所示）

图3-69

3．商业海报（如图 3-70、图 3-71 所示）

图3-70

图3-71

4．旅游海报（如图 3-72 所示）

图3-72

5. 公益海报（如图 3-73 所示）

图3-73

6. 运动会海报（如图3-74所示）

图3-74

## 课后实训项目

1. 设计制作“迎元旦”宣传海报。

要求：

（1）体现主题，内容新颖，健康向上，突出节日气氛。

（2）有时代感和创新性。结构简洁、生动、形象醒目，易于识别记忆，兼备思想性和艺术性。

2. 设计制作“绿茶”饮料销售海报。

要求：

（1）画面简洁，突出主题。

（2）宣传产品特性，让观众有消费的欲望。

# 财富大卖场 VI 系统的设计

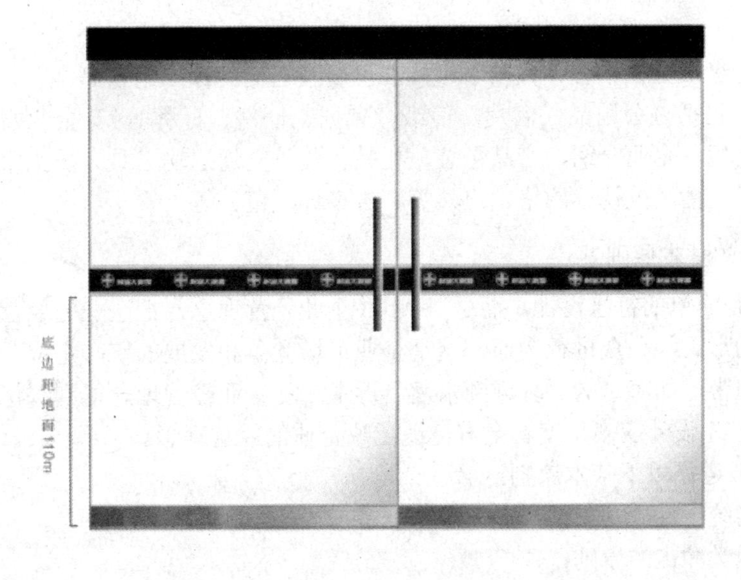

# 项目四　财富大卖场 VI 系统的设计

## 任务引入

老师：大家还记得前面我们学习过的标志吧！

学生：是啊！

老师：那么标志的主要特征是什么呢？

学生：造型简洁，易于记忆的一些符号。

老师：那么，今天我们所要学习的设计可就不只是一个标志的设计了，而是以生动表述内涵的设计多角度、全方位地反映企业的经营理念的 VI 设计。

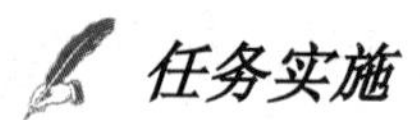

## 任务实施

## 创意与设计思想（相关知识）

### 1. VI 要素设计内容

VI 要素设计一般包括以下内容。

基础系统：包括企业标志、标准字、标准色以及它们的标准组合等。

应用系统：包括办公用品（名片、信纸、票据、证件、标牌等）、企业办公及厂房的导视系统、生产环境、企业介绍、产品包装、礼品包装、交通运输工具、员工服饰以及广告设计系统（报纸、广播、电视、网络、户外等广告设计规范）等。

### 2. VI 设计的基本原则

VI 设计不是简单的符号设计，而是以 MI（企业经营理念，把企业的经营理念提升到系统化、规范化的形式与公众进行沟通，这是企业市场竞争和发展的核心定位，也是企业与公众沟通联系的纽带，如海尔的“真诚到永远”诉求，使企业经营理念得到深化）为核心的生动形象的表述。VI 设计应多角度、全方位地反映企业的经营理念。

VI 设计一般遵循以下基本原则：

（1）风格的统一性原则；

（2）强化视觉冲击的原则；

（3）强调人性化的原则；

（4）可实施性原则；

（5）符合审美规律的原则；

（6）严格管理的原则；

（7）增强民族个性与尊重民族风俗的原则。

VI 设计应具有很强的可实施性与易操作性。如果在实施性和操作性上过于麻烦或因成本昂贵而影响实施，再优秀的 VI 设计也会由于难以落实而成为空中楼阁、纸上谈兵。在积年累月的实施过程中，还要充分监督各实施部门或人员，严格按照 VI 手册的规定执行，保证企业 VI 战略的顺利实施。

首先我们来看看中国电信的标志设计，如图 4-1 所示。

（1）标识整体造型质朴简约，静动相生，线条流畅，富有动感，字母趋势线的变化组合，具有强烈的时代感和视觉冲击力，传达出一个现代通信企业的崭新形象。

（2）整个标识以字母 C 为主体元素，两个 C 在明快的节奏中交织互动，直接代表着“中国电信集团公司”，同时共同组成了一个运动的“中”字。

（3）两个开口的字母 C 向远方无限延伸，仿佛张开的双臂，又似地球的经纬，传递着中国电信的自信和热情，象征着阔达的胸襟、开放的意识、长远的目光、豪迈的气势，意味着四通八达、畅通高效的电信网络连接着世界的每一个角落，服务着更多的用户，C 作为英文“用户、企业、合作、竞争”的第一个字母，它的交融互动也强烈表达了中国电信“用户至上，用心服务”的服务理念，体现了与用户手拉手、心连心的美好情感。同时也蕴涵着中国电信全面创新，不断超越自我，以更宽广的胸怀与社会各界协手合作，共同促进中国信息产业进步和繁荣的良好心愿。

（4）高高挑起的两角，凸显出简洁而充满活力的牛和振翅飞翔的和平鸽图案，既表现了中国电信脚踏实地、求真务实、辛勤耕耘的精神，又展现了中国电信与时俱进、蒸蒸日上、蓬勃发展的良好前景。

图4-1

## 设计与制作任务描述

标志，按用途可划分为商业性标志和非商业性标志。商业性标志一般是指公司、企业等盈利为主的团体和机构的标志；非商业性标志一般包括行政事业单位标志、公共设施标志、文化活动标志等。标志设计的原则是一种面向大众的传播符号，以精练的选型反映丰富的寓意和内涵。设计者一般需要把握标志设计的延展性、美观性、适用性、识别性、寓意性 5 个原则。

首先我们来看看财富大卖场的标志设计，标志以“铜钱”形状构成图案，个性方形图案立在“铜钱”中心，寓企业立首善之地；是以恒久不已的首善之地；标志主色调以红金映衬，吉祥富贵。标志造型天圆地方，象征企业顺应“天时、地利、人和”之“三才”要义，象征企业上下团结一致，为共创一流企业而努力。本项目以设计制作财富大卖场的 VI 为例，介绍使用 Adobe Illustrator 软件设计制作的要求与操作步骤。

## 任务一：企业视觉识别 VI 系统基础系统的设计

1．标志设计（如图 4-2 所示）

图4-2

**STEP 01** 打开 Adobe Illustrator 软件，执行菜单栏中的【文件】/【新建】命令，或按【Ctrl】+【N】组合键，打开【新建】对话框，设置【名称】为“标志”，【大小】为 A4，【取向】为横向，如图 4-3 所示。

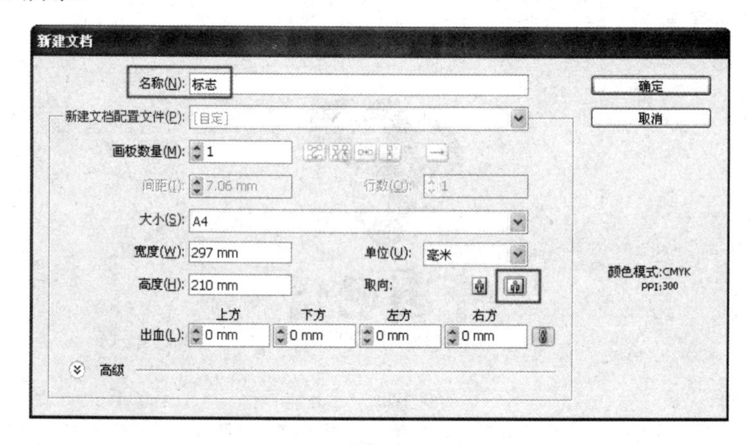


图4-3

**STEP 02** 双击“矩形网格”工具，打开对话框，如图 4-4 所示，绘制矩形网格。圆环的绘制如图 4-5 至图 4-9 所示。

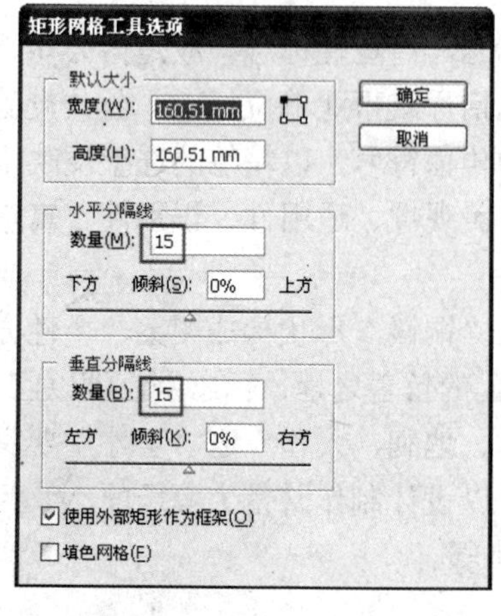


图4-4

图4-5

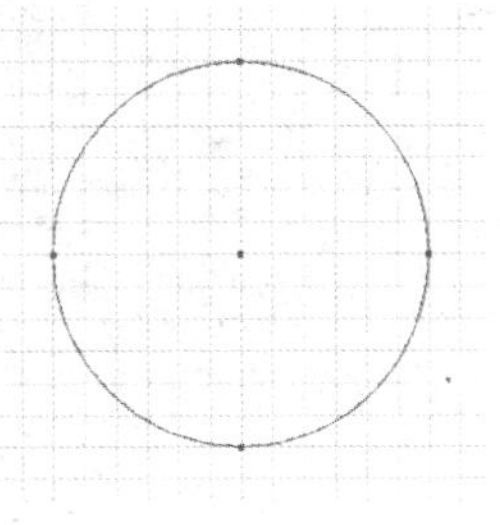

图4-6

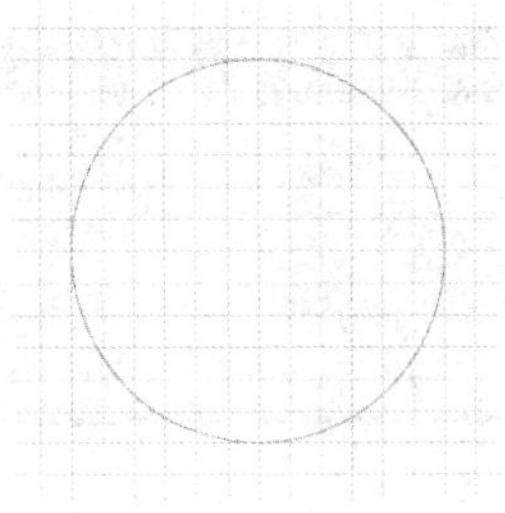

图4-7

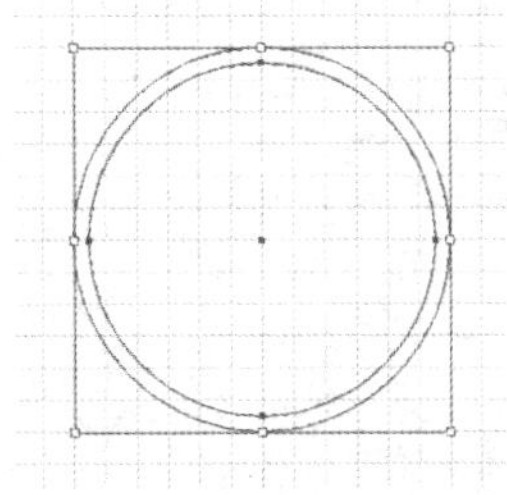

图4-8

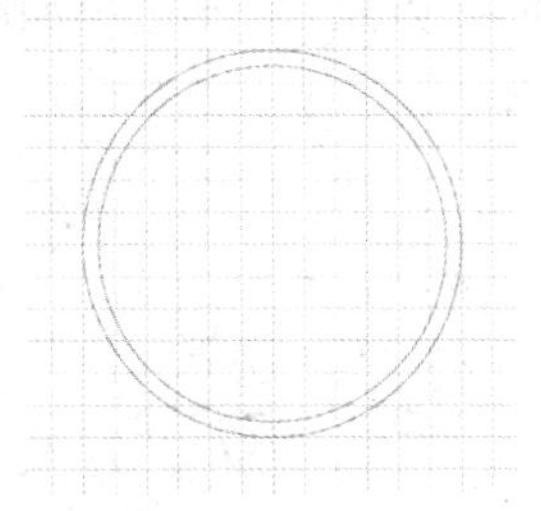

图4-9

**STEP 03** 在窗口菜单中打开路径查找器调板，选中两个圆，选择形状模式中的差集，然后填充 30%的灰色即可，效果如图 4-10、图 4-11 所示。

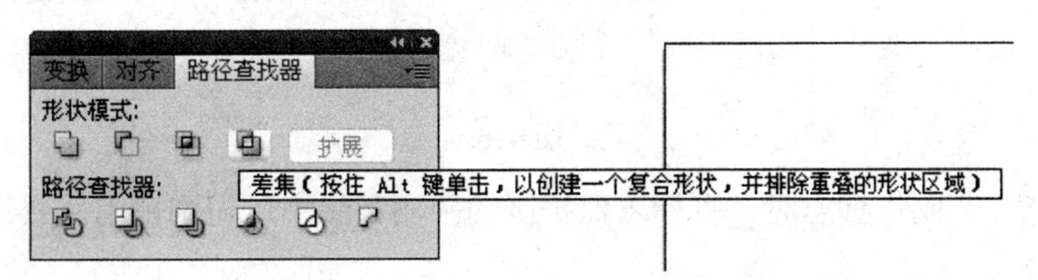


图4-10

**STEP 04** 单击矩形工具（M）按钮，按住【Shift】键不放，以圆环的中心点为中心画一正方形，效果如图 4-12 所示。

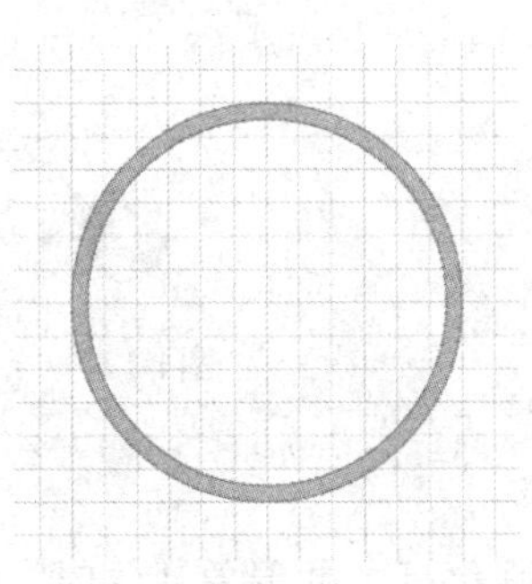

图4-11

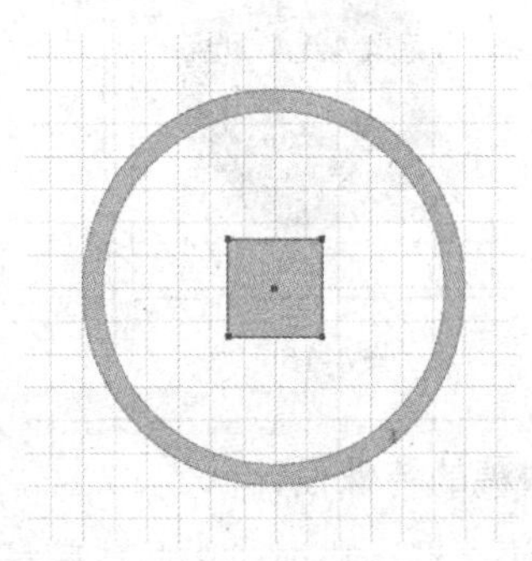

图4-12

**STEP 05** 执行菜单【滤镜】/【扭曲】/【收缩和膨胀】命令，弹出【收缩和膨胀】对话框，在对话框中拖拉进行相应的参数设置，可得到变形的图形，效果如图 4-13、图 4-14 所示。

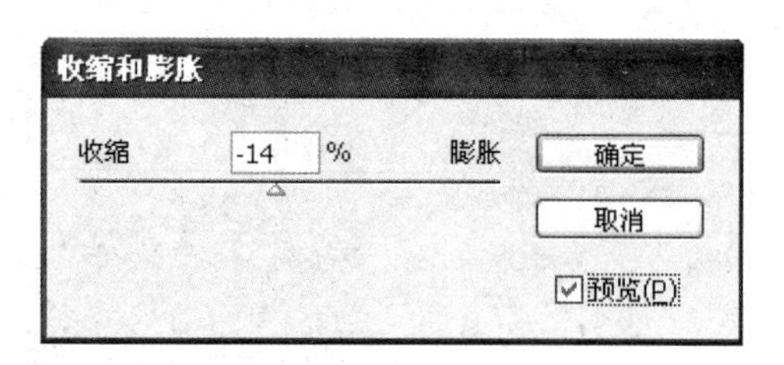

图4-13

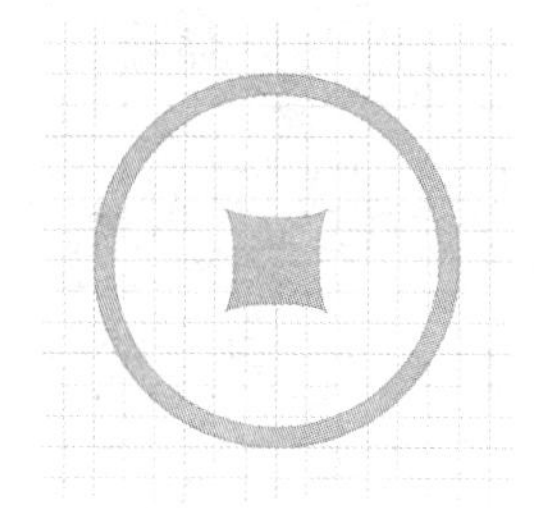
图4-14

**STEP 06** 选择文字工具（T）命令，分别录入“招财纳富”几个字，然后选择宋体繁体，选择文字菜单中的创建轮廓，得到效果如图 4-15 所示。

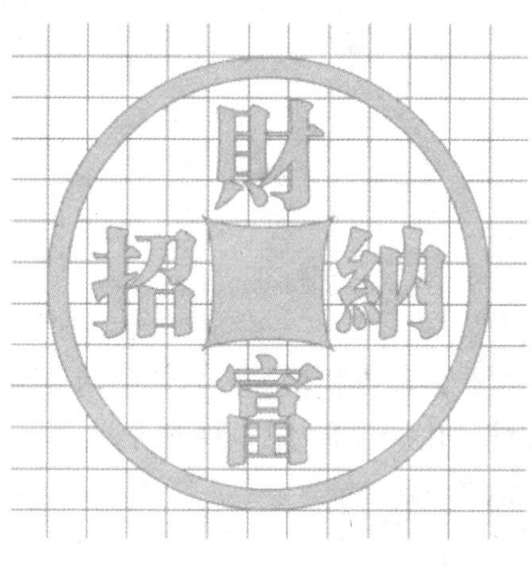

图4-15

**STEP 07** 在制作标志时，有标志保护区的限制和最小可识别范围，效果如图 4-16、图 4-17 所示。

标志保护区：

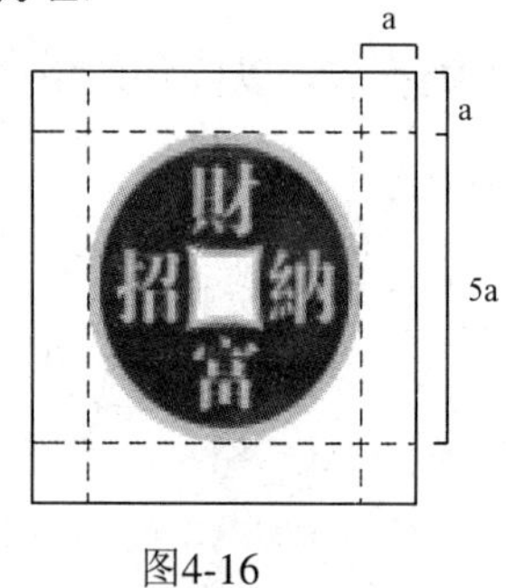

图4-16

最小可识别范围：

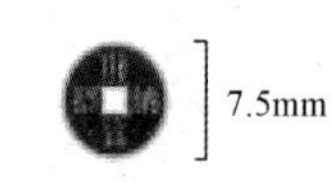

图4-17

2．标志墨稿的特殊设计

在广告宣传、设计装饰或一些特殊场合下，需要强化标志的形象认同时，标志可以采用不同的表现形式，促进标志特征的显现。为了适应发布媒体的需要，标志除彩色图例处，也制成反白图形，保证标志在对外的形象中，能体现一致性。标志墨稿反白稿主要应用于报纸广告等单色（黑色）印刷范围内，使用时请严格按此规定进行。效果如图 4-18、图 4-19 所示。

反白稿效果

图4-18

墨稿效果

图4-19

3．标准色的设计

标准色是企业视觉识别系统中极为重要的视觉传达要素，某种程度上甚至大于标志的作用，所以严格规范的标准色是建立统一、有效、鲜明的企业形象的重要保证，本例采用的色标为国际通用标准，使用时应严格按照本例规定执行。效果如图4-20、图4-21、图4-22所示。

标准四色字
M100Y100K20

图4-20

标准四色红
M20Y60

图4-21

标准黑
K100

图4-22

4．辅助色的设计

辅助色是标准色的延展和补充，与标准色配合使用可获得更为丰富的色彩效果，增强视觉表现力，在不同的输出设备或材质上，色彩会有差异，请选择以印刷为准的相近色彩（注：辅助色不能代替标准色使用）。效果如图4-23、图4-24、图4-25所示。

专色红或标准调色红
C10M100Y100K30

图4-23

专色金

图4-24

专用银或标准银灰
K55

图4-25

5．标志与标准字组合规范的设计

（1）竖式组合。标志组合为企业形象基本常用元素，应用时不得随意更改其比例关系。

标志组合保护区内严禁出现干扰元素。效果如图 4-26、图 4-27 所示。

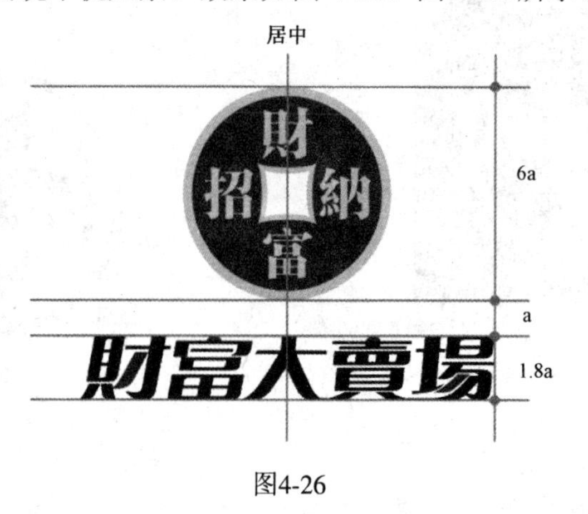


图4-26

图4-27

（2）横式组合，效果如图 4-28、图 4-29 所示。

图4-28

图4-29

## 任务二：企业视觉识别VI系统办公系统的设计

### 1．名片设计要求

名片设计就是每家企事业的门面，也是公司给大众的印象。在设计方面一定要恰到好处，通过有限的空间表现出公司的形象，设计一定要简洁明了，效果如图4-30所示。

规格：90mm×55mm　　材料：250g超感滑面

工艺：四色或专色印刷　　色彩：标志标准色

郭　清
财富大厦管理处
主任
财富大賣場
地址：吉林省长春市人民广场
邮编：130000
电话：0431 86868686
传真：0431 58585858
邮箱：586caifu@cf.com.cn

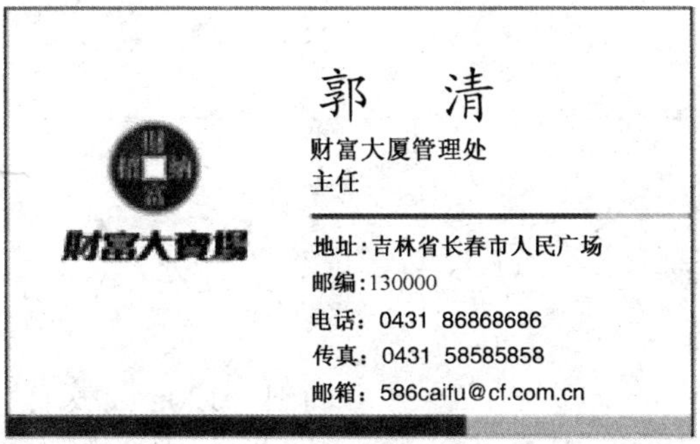

图4-30

名片是VI设计的基础内容，是每个设计师必须掌握的技能。本例如图4-31所示，熟练掌握Adobe Illustrator中的矩形工具、文字工具、颜色等命令。

标志居中
40
7.6
14.7
18
28.5
3.6
华英武
总 经 理
财富大賣場
地址：吉林省长春市人民广场
邮编：130000
电话：0431-86868686
传真：0431-58585858
邮箱：586caifu@cf.com.cn
线宽：2
线宽：0.4
姓名：方正楷体简体，22pt
职务：方正宋一简体，9pt
其他汉字：方正宋三简体，8pt
英文及数字：AvantGarde Bk Bt，8pt

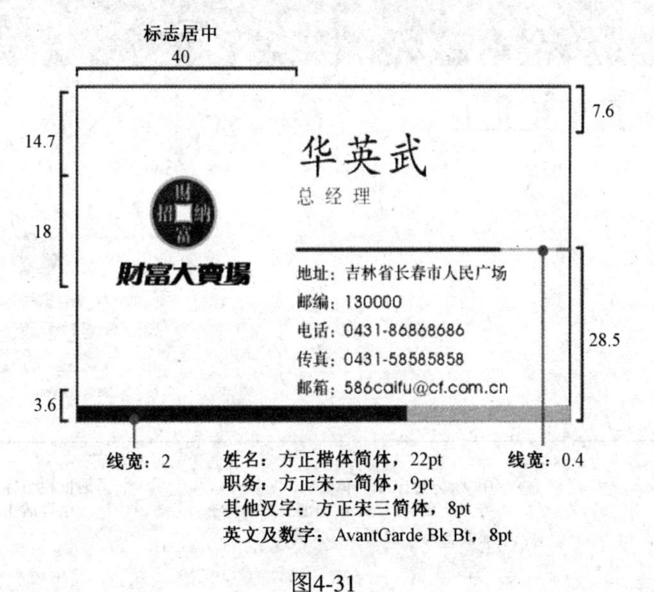

图4-31

### 2．信封设计要求

信封设计效果如图4-32所示。

规格：220mm×110mm　　材料：120g胶版纸

工艺：四色或专色印刷　　色彩：标志标准色

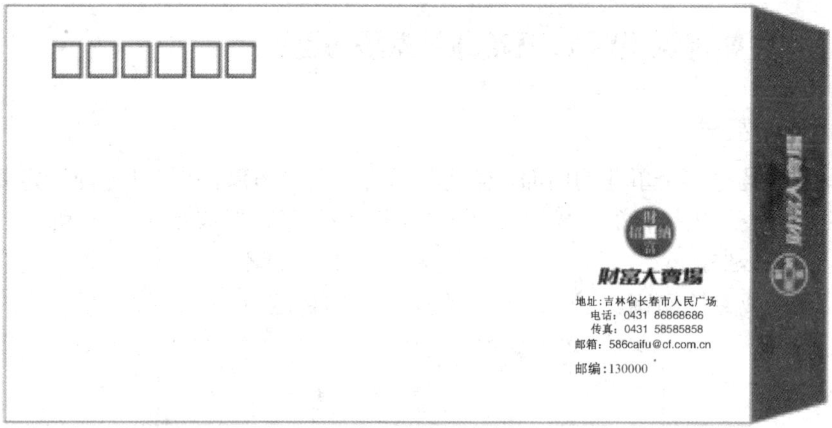

图4-32

### 3. 西式信封设计要求

西式信封设计效果如图 4-33 所示。

规格：325mm×230mm　　材料：120g 胶版纸

工艺：四色或专色印刷　　色彩：标志标准色

图4-33

### 4. 信纸（传真纸）设计

信纸设计效果如图 4-34 所示。

规格：210mm×297mm　　材料：80g 胶版纸或环保纸

工艺：四色或专色印刷　　色彩：标志标准色，文字 K70

中文：方正宋三简体 7pt　　英文：ArialBlack 7pt

图4-34

## 5．传真纸设计

传真纸设计效果如图 4-35 所示。

规格：210mm×297mm　　材料：80g 胶版纸

工艺：打印　　色彩：K100

17
9.6
19.6
财富大賣場
传　真
往 TO　　号码 REF No
由 TROM　　日期 DATE　　页数 PAGE

图4-35

6. 便签设计

设计一：效果如图 4-36 所示。

规格：105mm×145mm　　材料：80g 胶版纸

工艺：专色印刷　　色彩：标志标准色

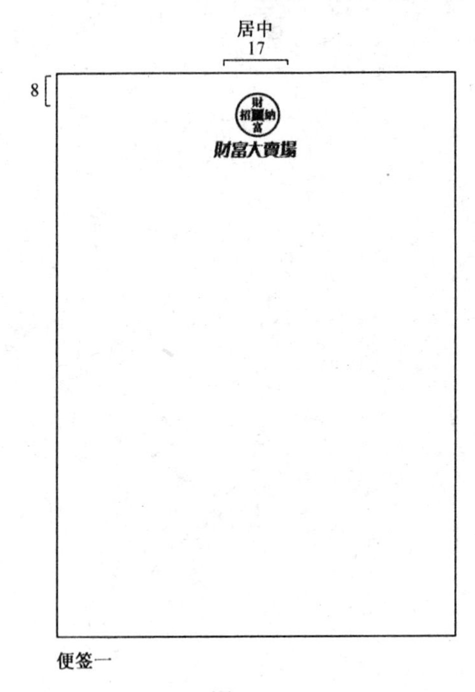


图4-36

设计二：效果如图 4-37 所示。

规格：100mm×100mm，可视实际情况调整

材料：80g 胶版纸

工艺：四色或专色印刷

色彩：图案 K15

图4-37

### 7．塑料文件袋标签及资料袋设计

（1）塑料文件袋标签设计的效果如图 4-38 所示。

规格：视具体情况，标志高度不能小于 7.5mm

材料：140g 胶版纸

工艺：四色或专色印刷

色彩：标志标准色

（2）资料袋效果如图 4-38 所示。

规格：245mm×340mm，起墙 35mm

材料：200g 哑版纸

工艺：四色或专色印刷

色彩：标志标准色

文字：方正大标宋简体，48pt，K70

注：塑料文件袋从市场买成品

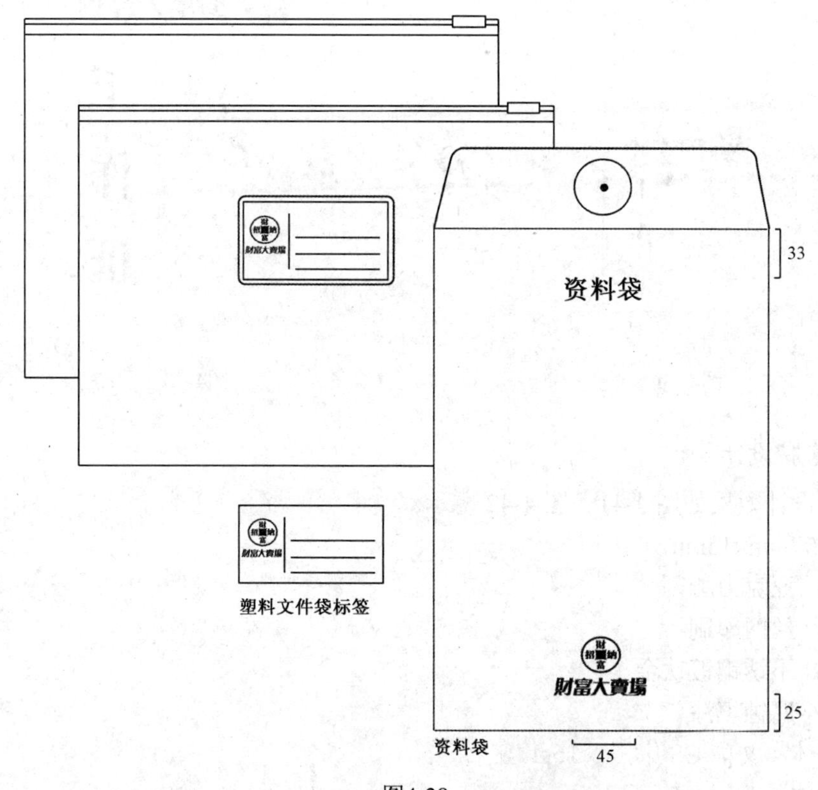


图4-38

### 8．挂带及工作证设计

（1）挂带设计效果如图 4-39 所示。

规格：15mm

材料：尼龙挂带

工艺：丝网印刷

色彩：标志标准色

挂带底色：辅助色

（2）工作证设计效果如图 4-40 所示。

规格：100mm×130mm

材料：PVC 外套

工艺：内插纸印刷或打印

色彩：标志标准色

图4-39

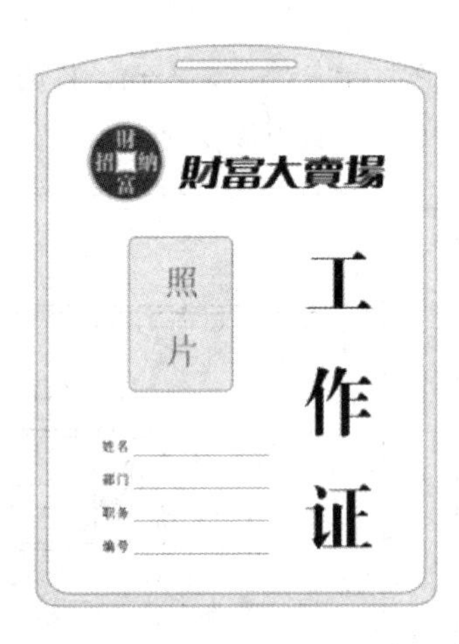


图4-40

## 9．胸卡牌设计

胸卡牌设计效果如图 4-41、图 4-42 所示。

规格：57mm×15mm

材料 1：亚克力雕刻

工艺 1：丝网印刷

材料 2：不锈钢镀钛金

工艺 2：腐蚀填漆

姓名字体：文鼎 CS 中黑，16pt

拼音字体：Arial，8pt

图4-41

图4-42

## 10. 纸杯设计

纸杯效果如图 4-43、图 4-44 所示。

材料：250g 纯木浆纸

工艺：柔版印刷

色彩：标志标准色

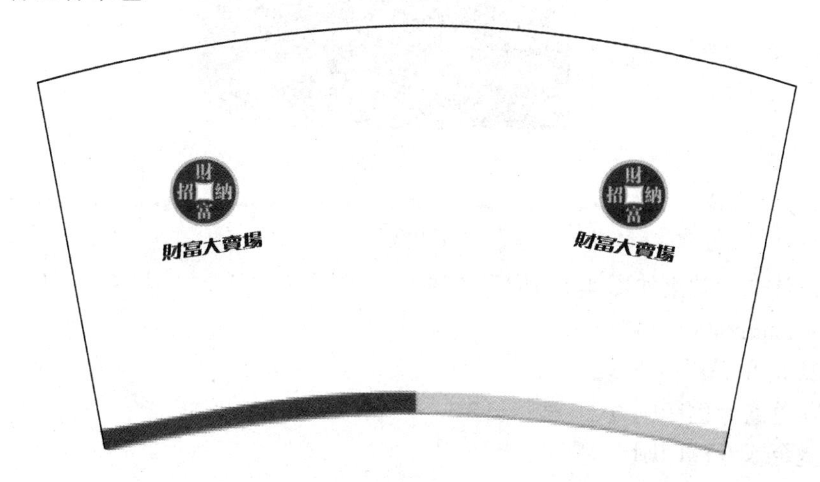


图4-43

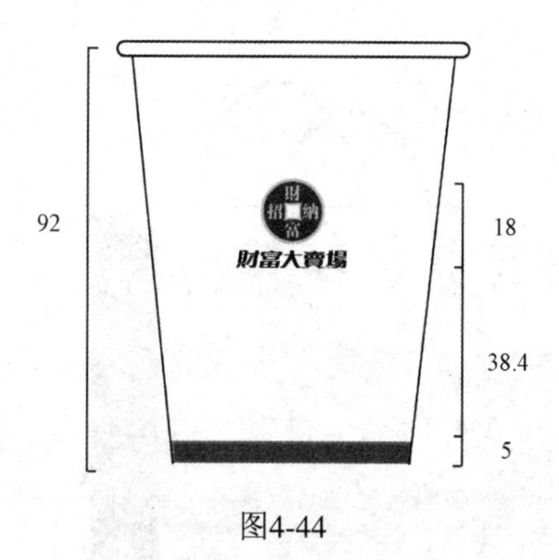


图4-44

## 11. 手提袋设计

手提袋设计一：效果如图 4-45 所示。

规格：300mm×400mm×80mm

材料：250g 单粉纸

工艺：四色或专色印刷

标志：烫金或专色印刷

色彩：底纹红：C10 M90 Y100 K40

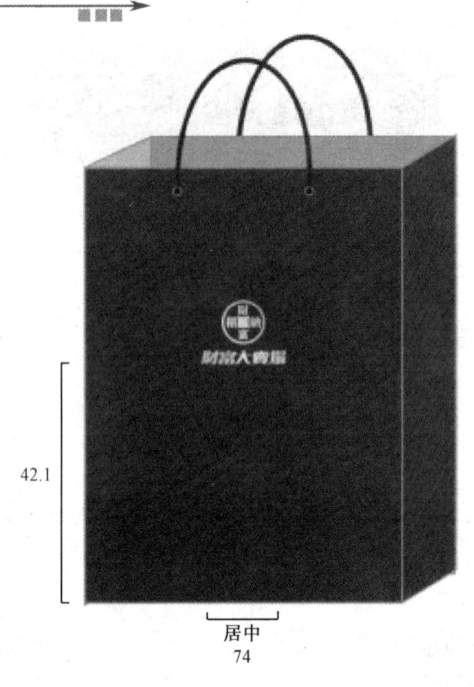


图4-45

手提袋设计二：效果如图 4-46 所示。

规格：300mm×400mm×80mm

材料：250g 单粉纸

工艺：四色或专色印刷

标志：烫金或专色印刷

色彩：底纹灰：K12

注：文字内容仅供参考。

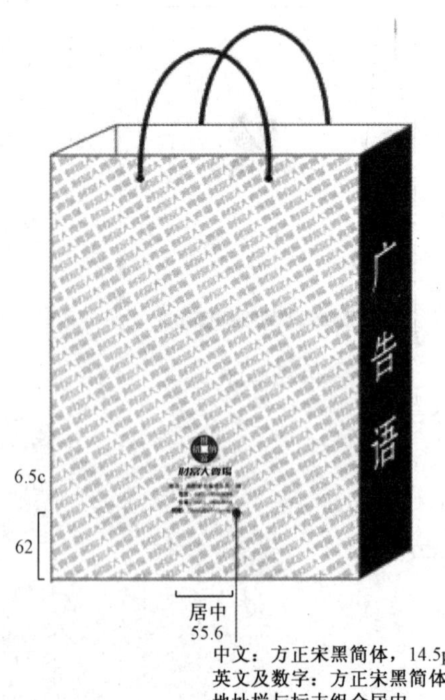


图4-46

塑料袋设计：具体产品尺寸由厂方提供（注：塑料袋厚度不能低于 10 个丝，文字内容仅供参考），效果如图 4-47、图 4-48 所示。

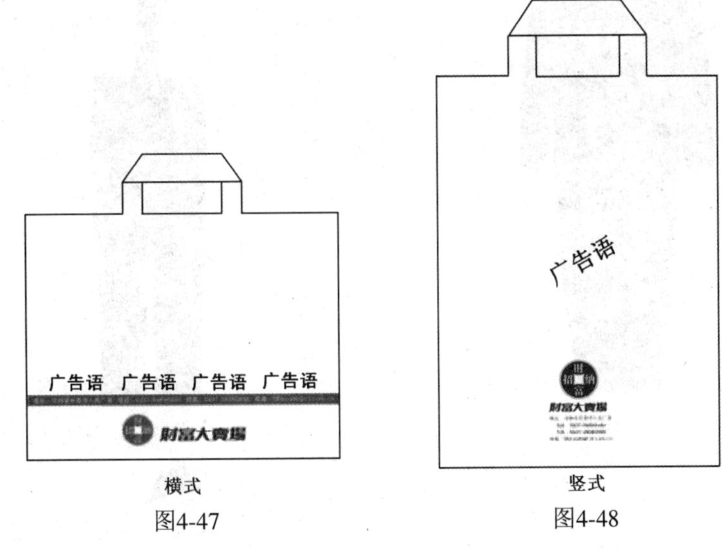


图4-47　　图4-48

## 12. 管理人员服装设计

管理人员服装设计效果如图 4-49 至图 4-52 所示。

注：管理人员服装从市场购买。

成品：首选图例颜色。

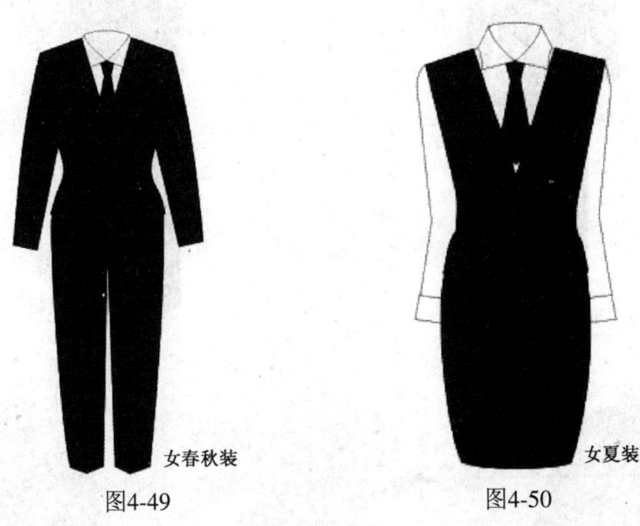


图4-49　　图4-50

## 13. 保安人员服装设计

保安人员服装设计效果如图 4-53、图 4-54 所示。

注：保安人员服装从市场购买。

成品：首选图例颜色。

## 14. 清洁和维修工作装设计

清洁和维修工作装设计效果如图 4-55、图 4-56、图 4-57 所示。

注：清洁和维修工作装从市场购买。

成品：首选图例颜色。

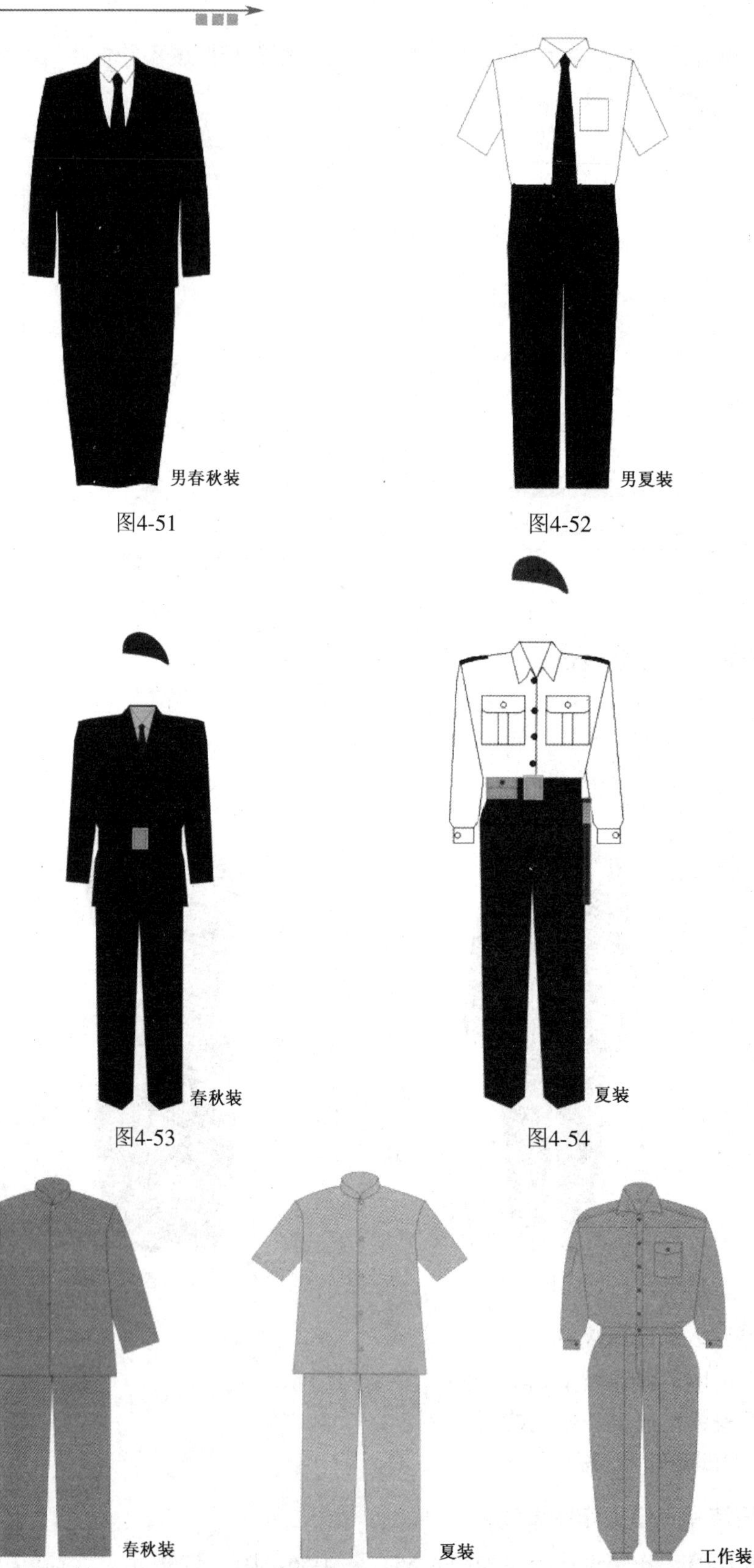


图4-51

图4-52

图4-53

图4-54

图4-55

图4-56

图4-57

### 15．围裙的设计

围裙设计效果如图 4-58、图 4-59 所示。

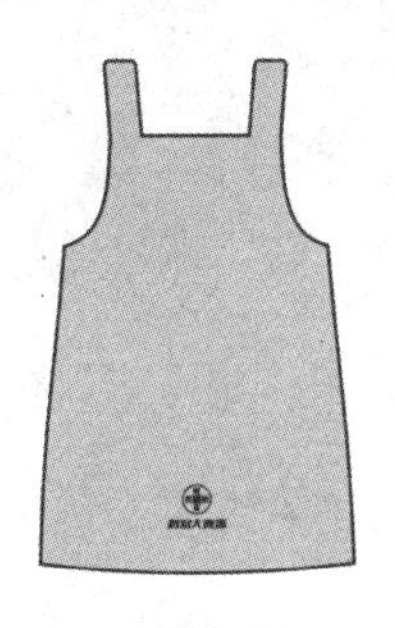

图4-58

图4-59

## 任务三：企业视觉识别 VI 系统应用系统的设计

### 1．室外广告

室外广告效果如图 4-60 所示。

材料：写真布、相纸、灯箱片

工艺：写真喷绘

标志：标志标准色

注：文字内容仅供参考。

### 2．室内广告

室内广告效果如图 4-61 所示。

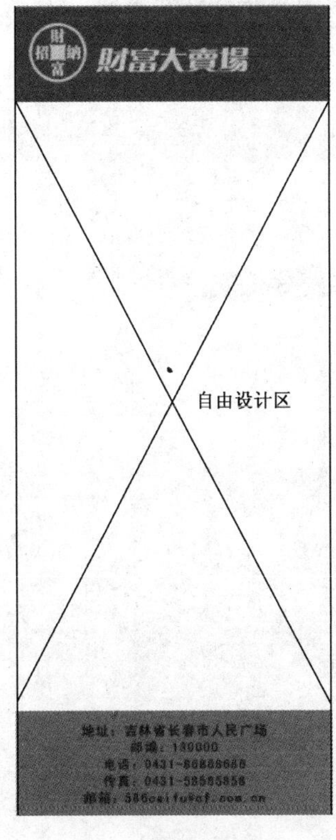


图4-60

图4-61

材料：写真布、相纸、灯箱片

工艺：写真喷绘

标志：标志标准色

注：文字内容仅供参考。

### 3. 防撞条设计

防撞条设计效果如图 4-62、图 4-63 所示。

材料：背胶

工艺：写真喷绘

色彩：标志标准色

图4-62

图4-63

### 4. 启示牌设计

启示牌设计一：效果如图 4-64 所示。

材料：KT 板及背胶

工艺：写真喷绘

色彩：标志标准色、辅助色

注：文字内容仅供参考。

启示牌设计二：效果如图 4-65 所示。

材料：背胶或不锈钢边及亚克力面

工艺：写真喷绘粘贴

色彩：标志标准色、辅助色

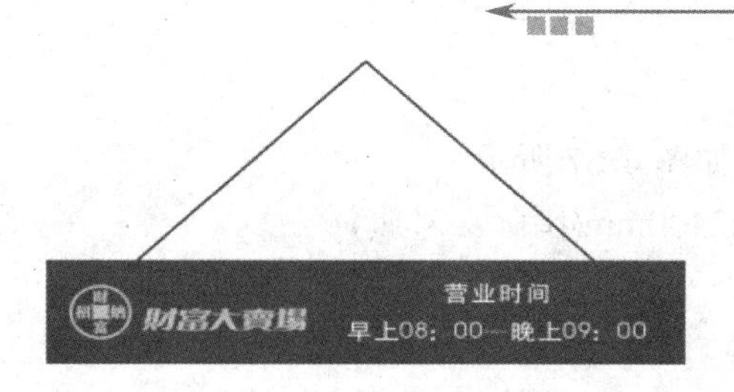


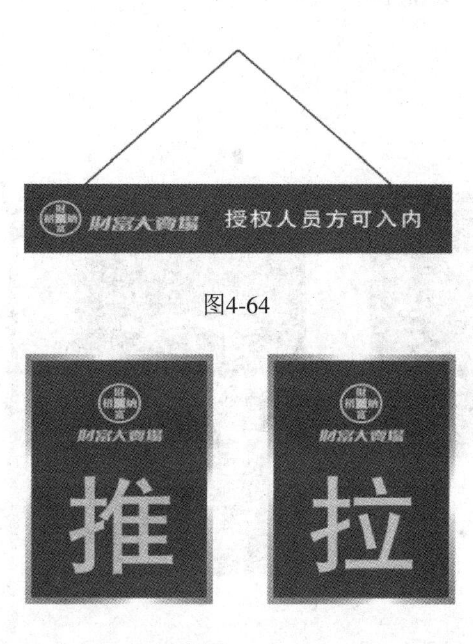


图4-64



图4-65

5．告示牌设计

告示牌设计效果如图 4-66 所示。

材料：KT 板及背胶或 POP 专用纸

工艺：写真喷绘或手绘 POP

色彩：标志标准色、辅助色

图4-66

### 6. 公司旗及桌旗设计

（1）公司旗设计效果如图 4-67 所示。

建议规格：1600mm×2400mm(国际 2 号旗)

材料：涤纶

工艺：打染

色彩：国旗红

（2）桌旗设计效果如图 4-68 所示。

规格：140mm×210mm

工艺：打染

色彩：国旗红

图4-67　　图4-68

### 7. 户外楼体形象设计

户外楼体形象设计效果如图 4-69、图 4-70 所示。

材料：亚克力吸塑灯箱

工艺：制作

### 8. 楼层指示牌设计

楼层指示牌效果如图 5-71 所示。

材料：铝型材、可更换式结构（注：文字内容仅供参考）

工艺：标志采用金色亚克力雕刻粘贴

　　　文字采用背胶粘贴

　　　装饰条采用金色模粘贴

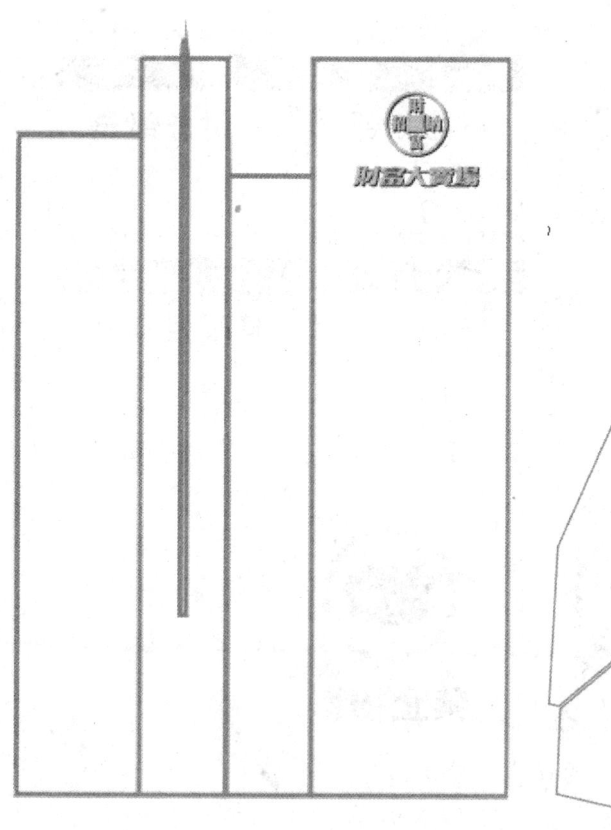


图4-69

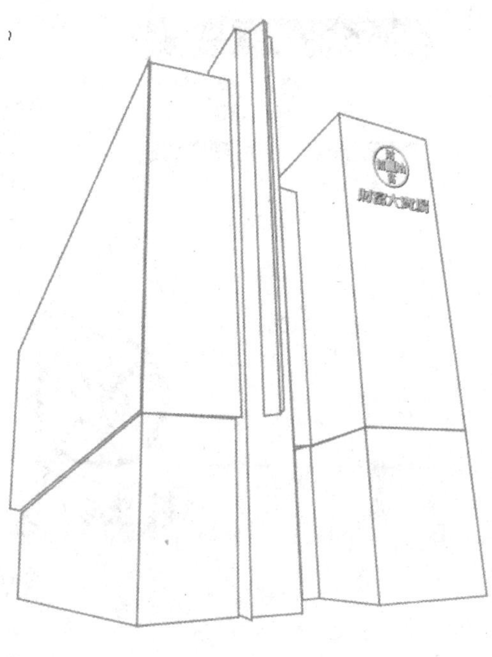


图4-70

### 9．办公室门牌及办公室空间导示牌的设计

办公室门牌及空间导示牌的效果如图 4-72、图 4-73 所示。

材料：亚克力

工艺：雕刻及胶粘贴（注：文字内容仅供参考）

### 10．警告牌的设计

警告牌的设计效果如图 4-74 所示。

材料：KT 板及背胶

工艺：写真喷绘

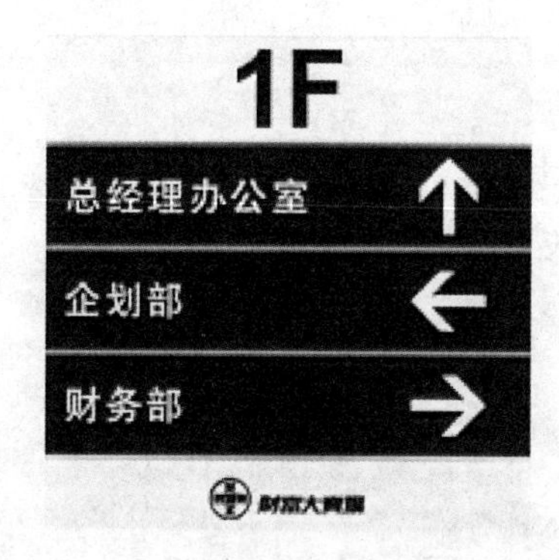


图4-71

图4-72

图4-73

图4-74

**11．平面示意牌的设计**

平面示意牌的设计效果如图 4-75 所示。

材料：KT 板及背胶

工艺：写真喷绘

**12．产品区域指示牌的设计**

产品区域指示牌的设计效果如图 4-76 所示。

材料：喷绘或亚克力灯箱

色彩：标志标准色

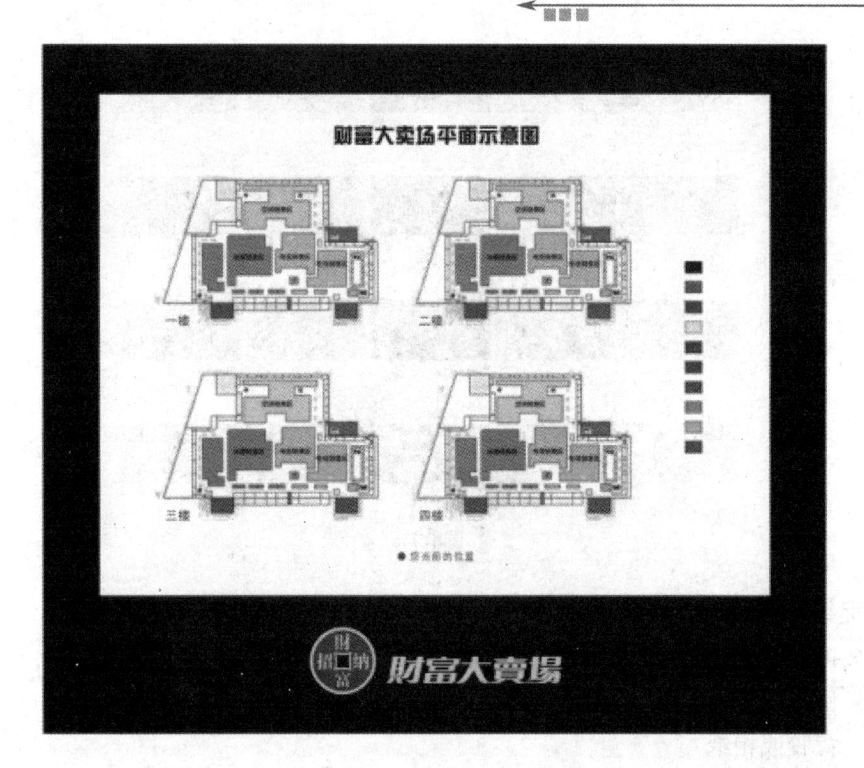


图4-75

图4-76

### 13. 指示牌的设计

指示牌的设计效果如图 4-77 所示。

规格：按实际尺寸裁决

材料：背胶或相纸

工艺：写真喷绘

注：卖场商品种类繁多，每区域设计应按照该产品来订制，图片内容仅供参考。

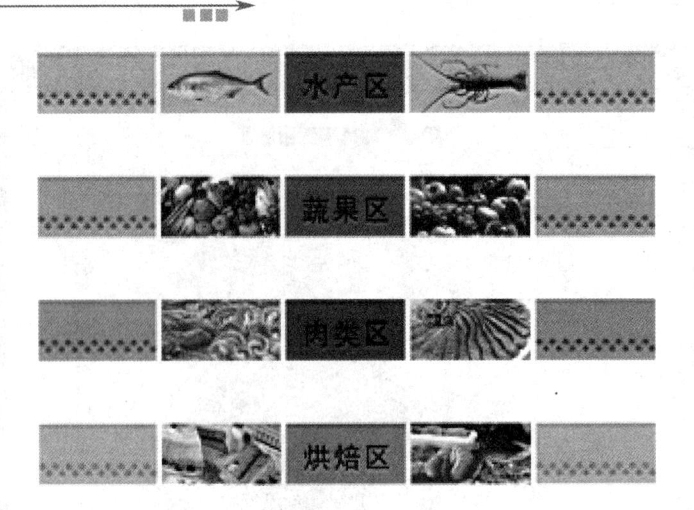


图4-77

## 14．促销的设计

促销的设计效果如图 4-78 所示。

规格：按实际尺寸调整

材料：背胶或相纸

工艺：写真喷绘

图4-78

## 15．卖场挂旗的设计

卖场挂旗的设计效果如图 4-79 所示。

规格：按实际尺寸调整

材料：写真纸或铜版纸

工艺：写真喷绘或四色印刷

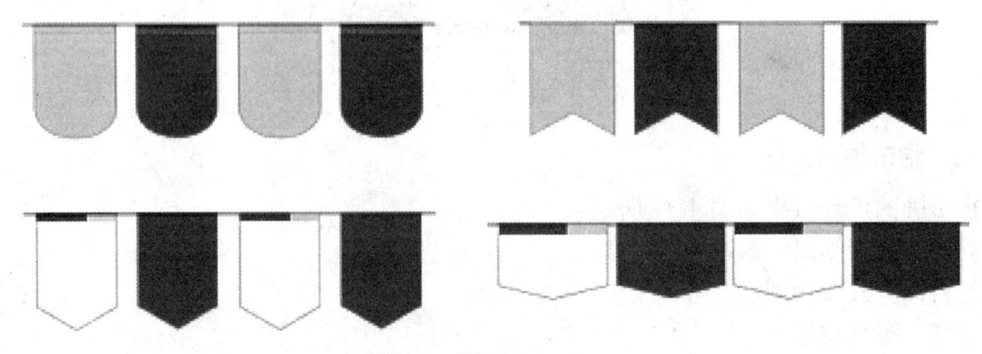

图4-79

### 16．停车场标牌的设计

停车场标牌的设计效果如图 4-80 所示。

规格：按实际尺寸调整

材料：防火板

工艺：雕刻或粘贴

图4-80

## 作品欣赏

### 1．安义古村 VI 设计（如图 4-81 所示）

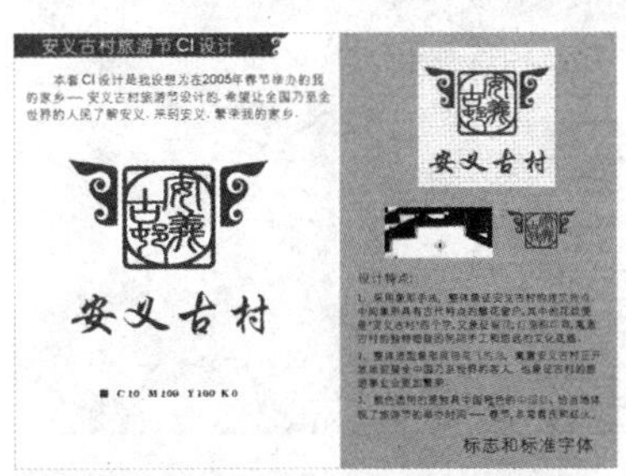


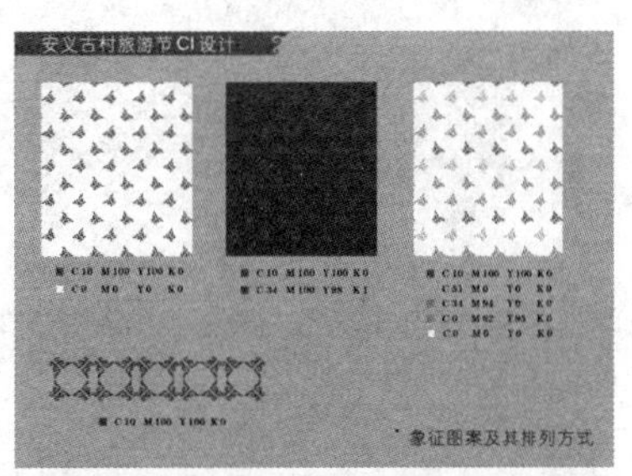

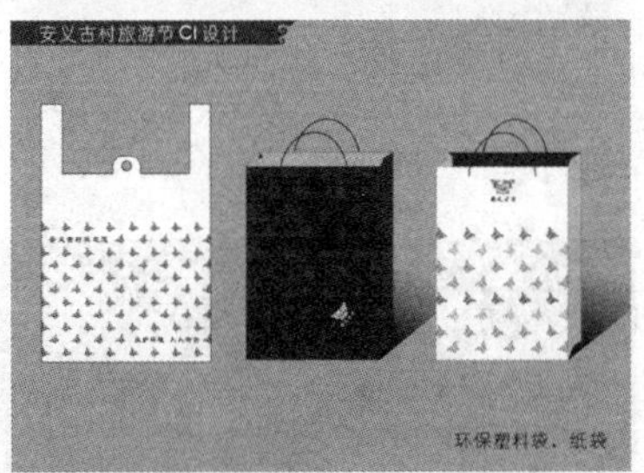


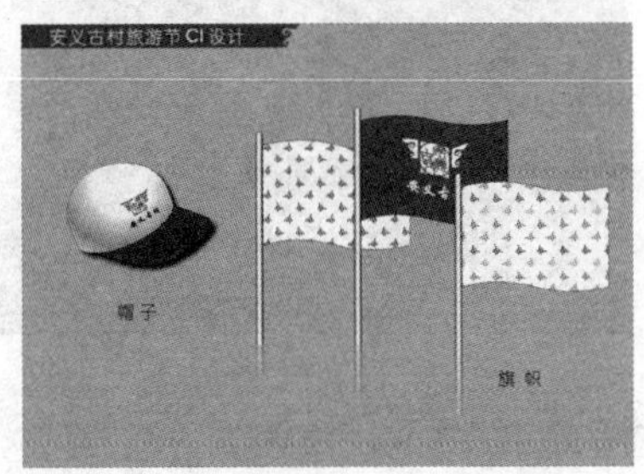

图4-81

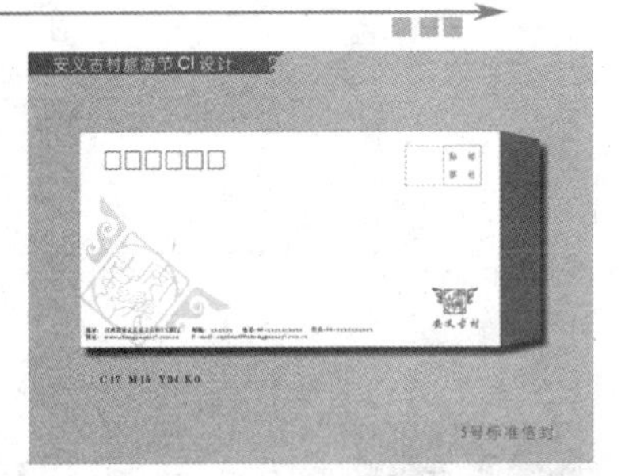


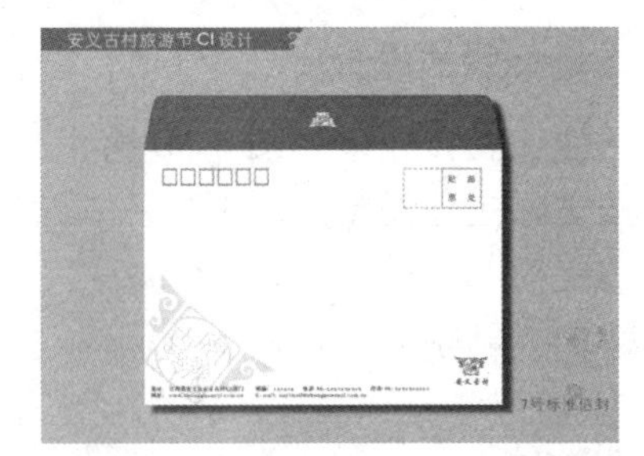

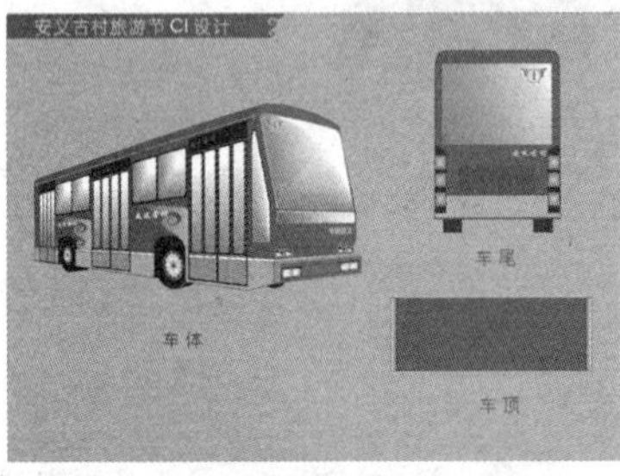

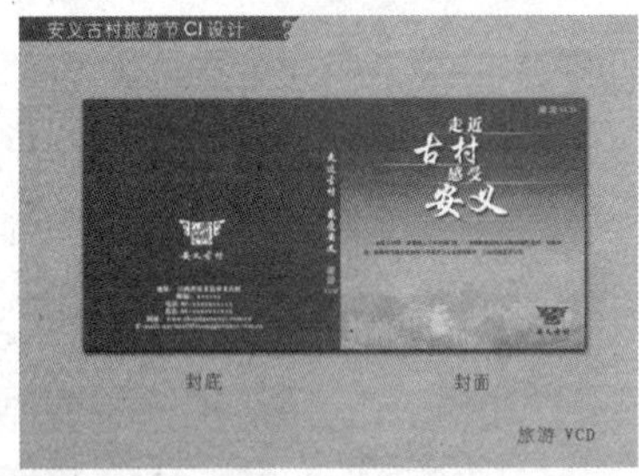

图4-81（续）

## 2. 时尚集中营 VI 设计（如图 4-82 所示）

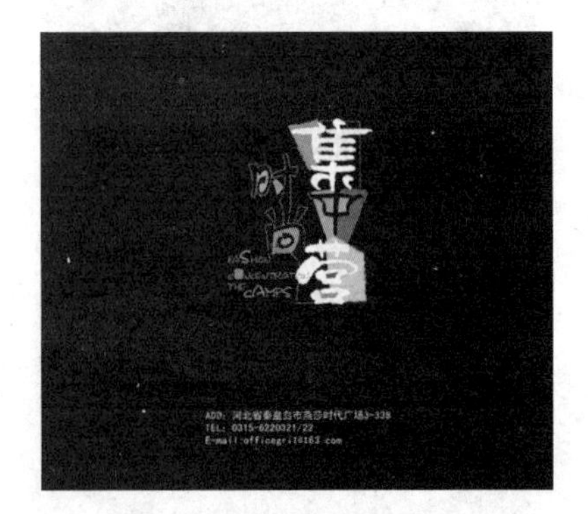


图4-82

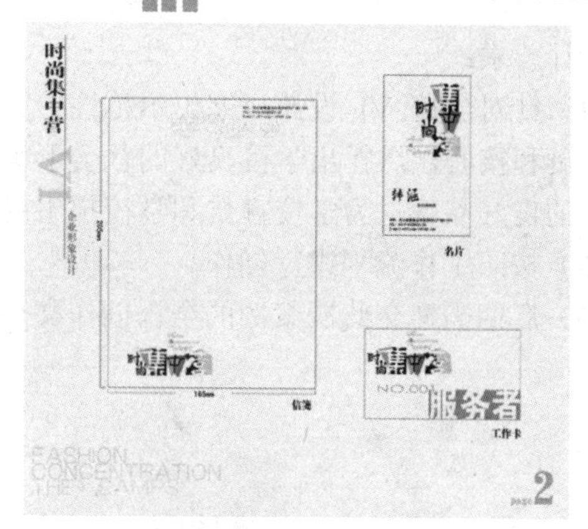


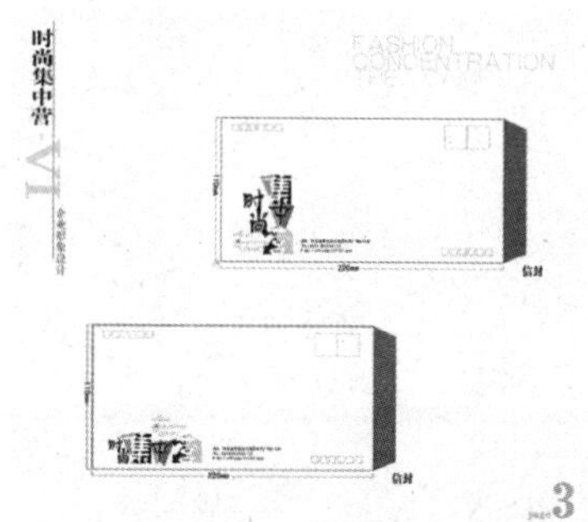

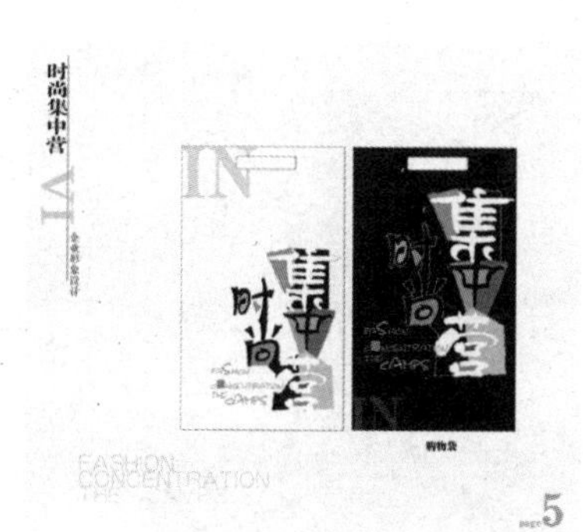

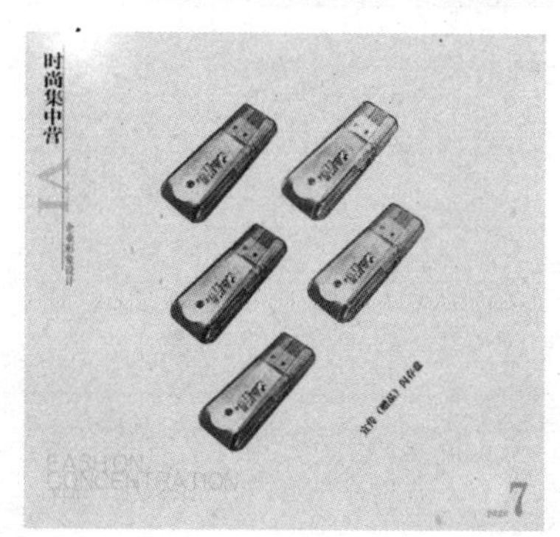


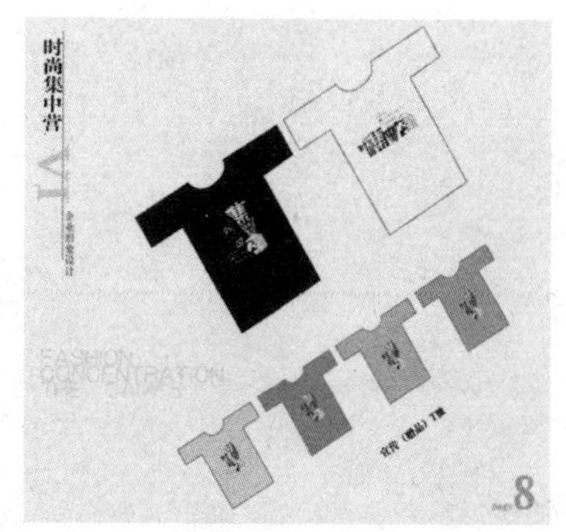


图4-82（续）

## 课后实训项目

为你的学校进行 VI 设计，具休要求如下：

规格：210mm×297 mm

设计要求：

（1）针对学校 VI 设计，突出示范性中等职业学校的特点。以学校的办学理念、办学历史为基础和核心，烘托出学校良好的社会形象，从而在社会上和学生、家长心中树立“培养人才”的良好品牌，为学校宣传和学校招生打下坚实基础。

（2）按照工作流程进行创作。

（3）后期需递交此次案例的全程创作文件（包括文字类作品说明及电子相册）。

# 卡通画设计

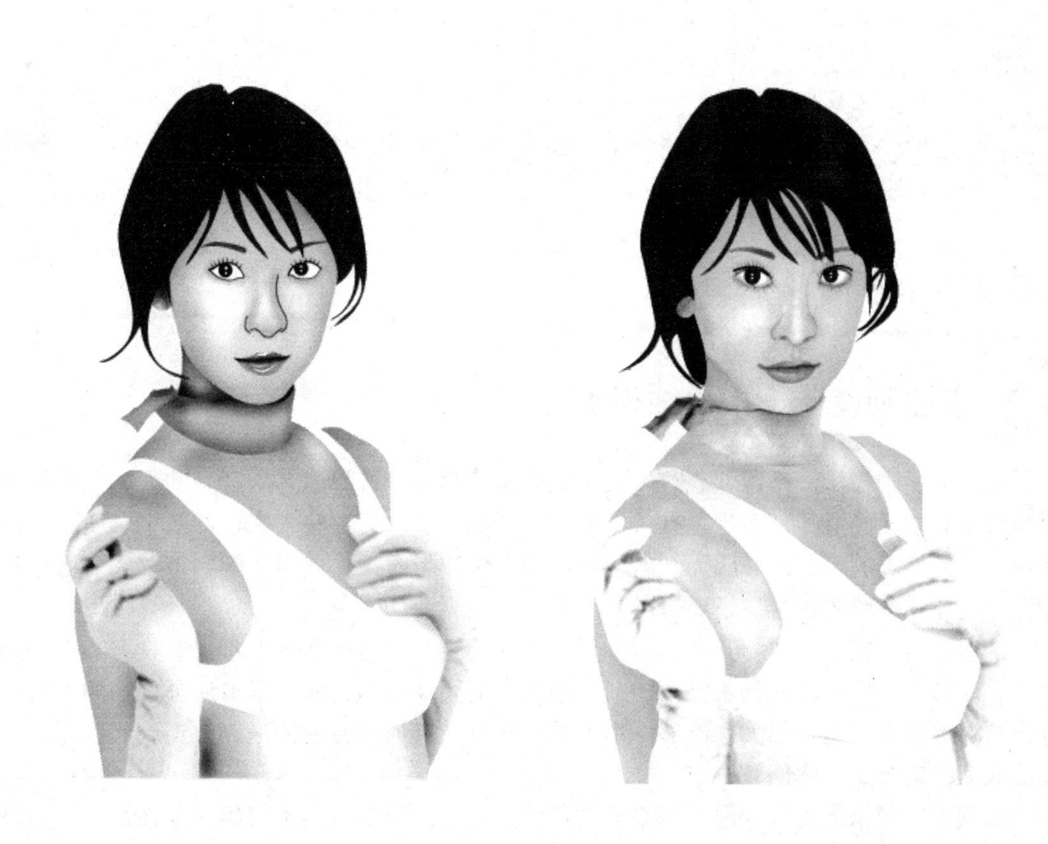

# 项目五 卡通画设计

## 任务引入

老师：赵本山、刘翔的形象大家都耳熟能详吧！

学生：当然。

老师：那么，如果你也是个名人，想一想怎样才能让自己的形象变得既形象又卡通呢？

学生：不知道。

老师：下面我们就来尝试一下，按照下面的工作流程制作一个漂亮的卡通画。

## 任务实施

### 卡通画设计（相关知识）

学习卡通画技法，是一件既有趣又枯燥的事。每一个选择学习卡通画的人，几乎都怀着较为浓厚的卡通画情结，而且具有一定的绘画基础，所以对这些人来说，从事卡通画工作是有趣的。但你真的下定决心成为一名职业卡通画工作者时，你就会了解到每一部卡通作品的问世，既要具备聪明才智，还要付出强度很大的绘画劳动。

卡通画这种艺术创作与其他艺术创作相比，决定了卡通画艺术家不仅要具有非凡的想象力、灵动的幽默感，还应具备坚韧的毅力和良好的团队精神。向初学卡通画技法的人们介绍一下从业的要求，是希望大家能够不怕困难，坚持在卡通画专业的道路上走到底，那么，辉煌的成就一定会属于你们。

综观十几年来国内外卡通艺术事业的蓬勃发展，卡通艺术已不仅仅局限在影视、图书等方面，已经成为一种新兴的卡通产业，由她传递的理念、情感，由她衍生出的各种产品，越来越广泛地渗透到人们的日常生活中。特别是近两年来，国家对卡通艺术产业给予了大力的支持，为每一个热爱卡通艺术事业的人都提供了很好的发展机会。

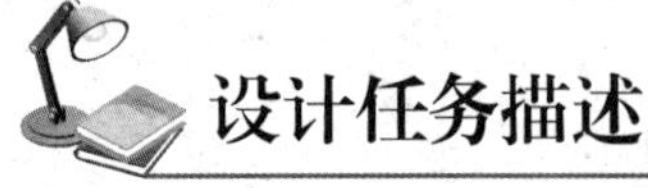

### 设计任务描述

此项目以一张照片为素材，对其进行卡通画的设计。

**任务一：卡通画的设计制作**

**STEP 01** 打开需要处理的素材图片 1，复制背景层，把原来的背景填充白色，如图 5-1、图 5-2 所示。

图5-1

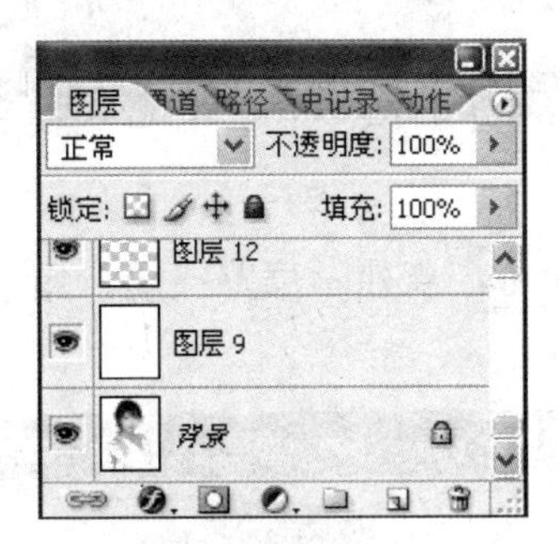


图5-2

**STEP 02** 添加 solid color（纯色调整图层），如图 5-3、图 5-4 所示。

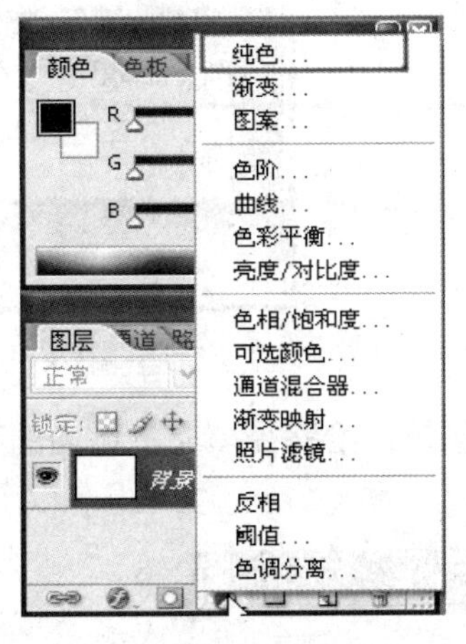


图5-3

图5-4

**STEP 03** 把填充色设置为白色，设置 39%不透明度，形成一层半透明描图纸的感觉，如图 5-5、图 5-6 所示。

图5-5

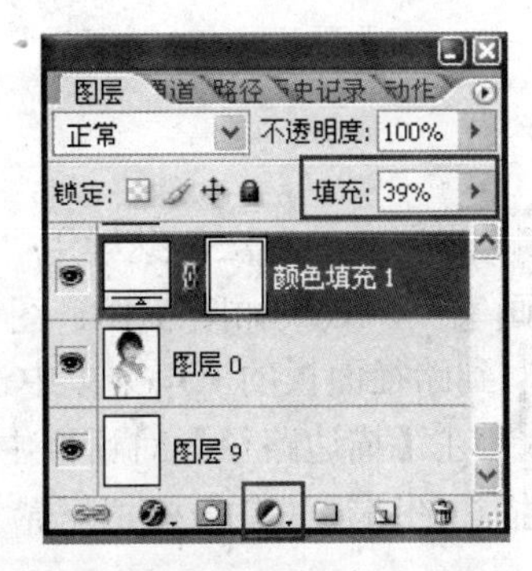


图5-6

**操作提示**

当路径需要转换成选区时，我们可以直接用快捷键【Ctrl】+【Enter】。

**STEP 04** 新建一层路径层，用“钢笔”工具画出新的眉毛路径形状，效果如图 5-7、图 5-8 所示。

图5-7

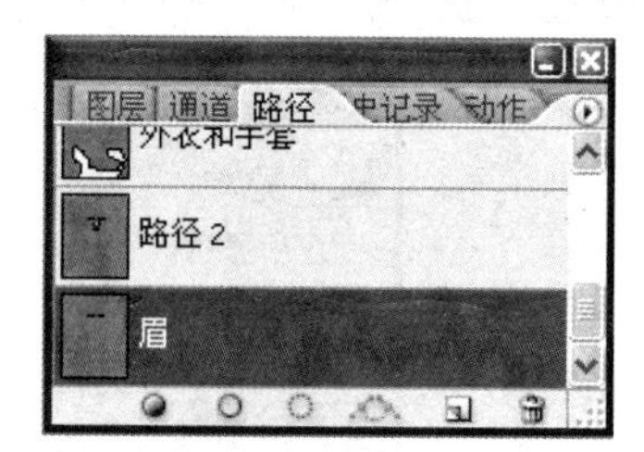


图5-8

**STEP 05** 到路径面板，单击填充路径的图标按钮，给路径填充上适当的颜色，效果如图 5-9 所示。

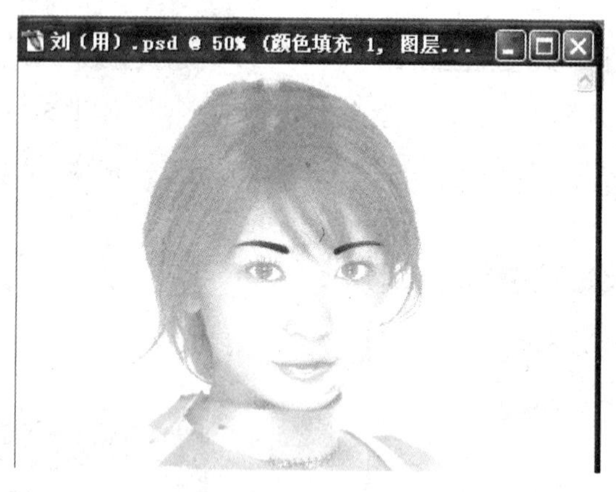


图5-9

**STEP 06** 用同样的办法，继续用“钢笔”工具勾勒出脸的轮廓。切换到笔刷工具，选择 3 pixels 的画笔头，效果如图 5-10、图 5-11 所示。

**STEP 07** 到路径面板的三角菜单中选择 storke path（描边路径），效果如图 5-12 所示。

**STEP 08** 在【描边路径】对话框中选择笔刷工具为当前描边工具，勾选【模拟压力】复选框，这样描边的路径线条会模拟压感笔的手绘线条而富有变化，如图 5-13、图 5-14 所示。

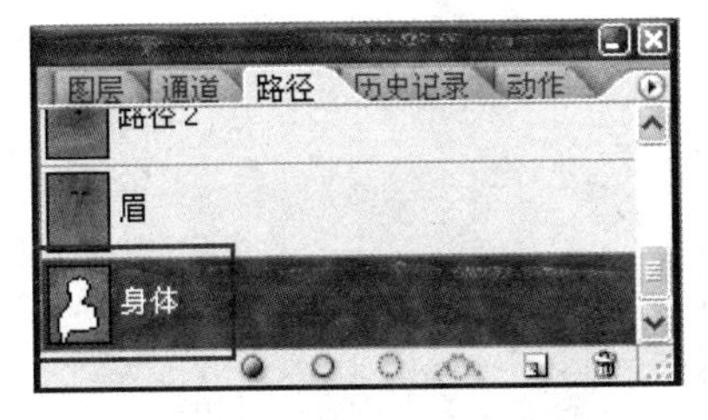


图5-10

图5-11

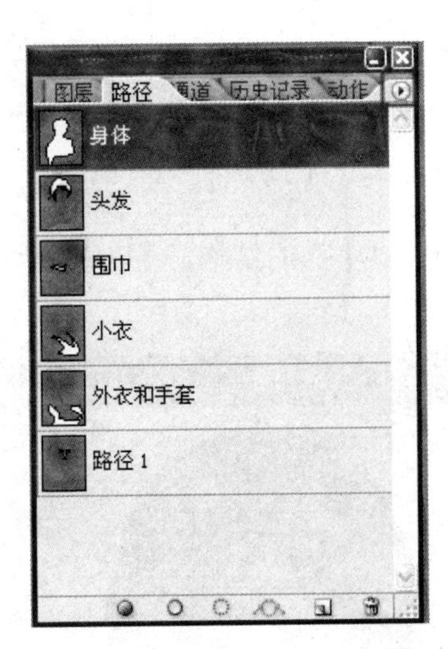


图5-12

图5-13

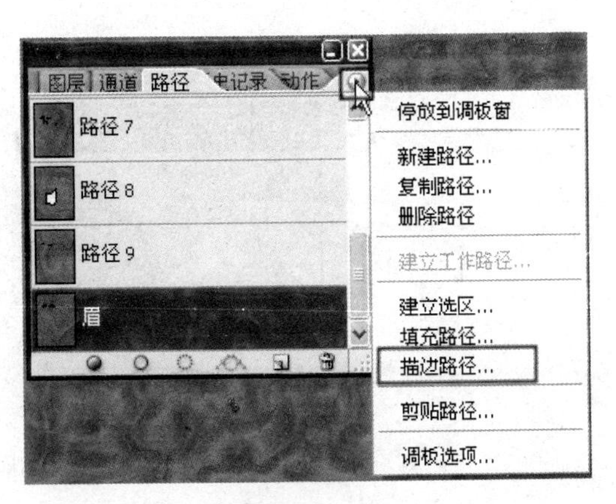


图5-14

**STEP 09** 用多边形套索工具选出脸部包括肤色，填充适当的颜色，效果如图 5-15 所示。

**STEP 10** 用笔刷画出头发的结构，可以直接用笔画，效果如图 5-16 所示。

图5-15

图5-16

**STEP 11** 依次用笔刷画出眼、鼻、嘴的结构，可以直接用笔画，效果如图 5-17 至图 5-20 所示。

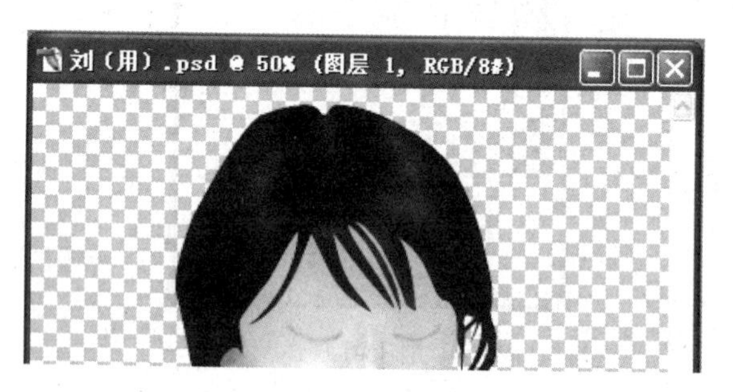


图5-17

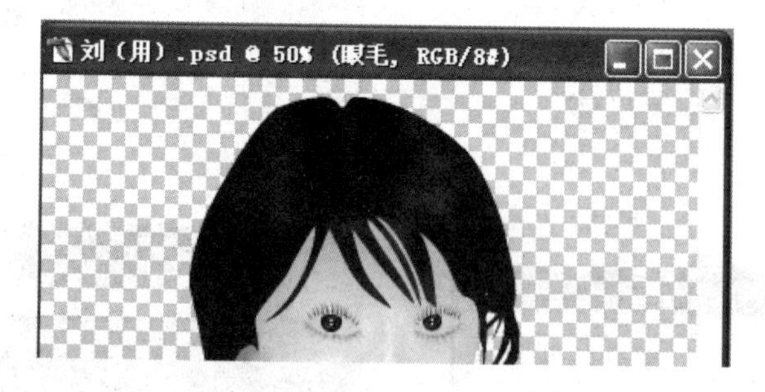


图5-18

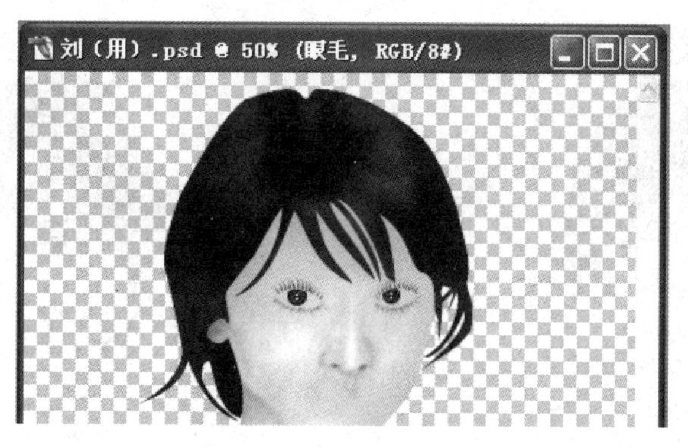


图5-19

图5-20

**STEP 12** 再把画好的丝巾的图层显示，一个完成的卡通效果如图 5-21 所示。

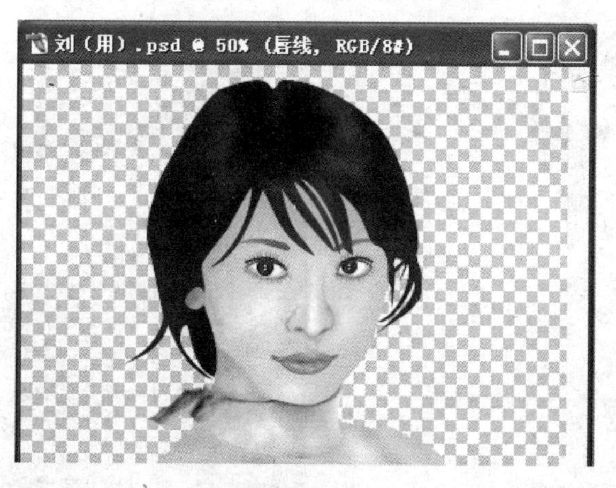


图5-21

**STEP 13** 我们还要在路径调板中新创建路径，画好的手和手套的图层显示如图 5-22 所示。

**STEP 14** 再把画好的背心的图层显示，一个制作完美的卡通效果图就展现在大家面前，如图 5-23 所示。

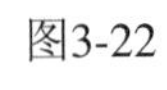

图3-22

图5-23

## 卡通画欣赏

请欣赏，如图 5-24 至图 5-29 所示。

图5-24

图5-25

图5-26

图5-27

图5-28

图5-29

## 课后实训项目

在“六一”儿童节即将来临之际，请为“联想”卡通有限公司新推出的葫芦兄弟的人物设计卡通人物肖像。

实训要求：

（1）写出设计方案；

（2）选题新颖，独具个性创意，符合少年儿童的认知规律；

（3）色彩、构图、线条美观生动，技术运用巧妙、简捷，文档压缩准确合理。

# DM 广告设计

独家奉献
天下宝贝
儿童摄影广场
凡提前一周内预定的每天的前十名客户获赠免费亲子照一套
在六一儿童节期间拍生日照、百天照、满月照均可获赠一对最新款毛线玩具
喜上好礼
欢乐派送
迎六一
套套
送大礼
地址：长春市南关区健民街199号 预约电话：0431-8533500

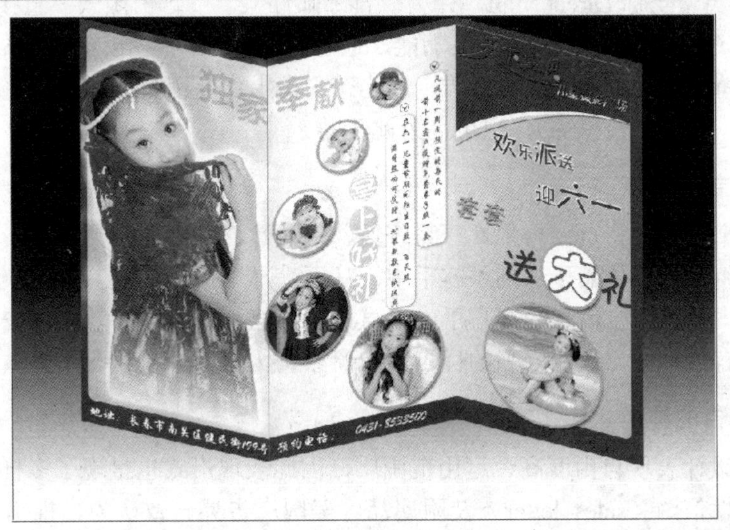
独家奉献
欢乐派送
迎六一
套套
送大礼

# 项目六　DM 广告

## 任务引入

老师：同学们，休息的时候你们经常逛街吗？

学生：当然。

老师：那么，在繁华街道上走着的时候，是不是经常会收到一些传单呀？

学生：是的，尤其在红旗街、重庆路这样人多的地方，经常会收到各种各样的传单。

老师：这些小传单的学名是什么，你们知道吗？

学生：宣传广告？

老师：他们的学名叫 DM 广告，直投广告（又叫宣传单）是 DM 广告其中的一种，下面我们就来好好认识一下它们吧！

## 任务实施

### DM广告概述

DM 广告属于商业的手段，是一种灵活方便的广告媒体，经常出现在我们的现实生活中。推出一个新产品的时候必须要宣传一下新产品的性能、特点，所以最有效的方法之一就是用 DM 广告。在国外，DM 广告被广泛应用于商品销售、广告方案、选举活动、企业公关等多种领域。 DM 英文全称 Direct Mail，译为“直邮邮件”、“广告信函”、“直接邮寄函件”等，具有个人资讯（Personal information）功能，通过 DM 媒体寄达传递，联系顾客。因为其对象直接具体的特点还被称为收信者广告。在当今，街上由促销员或宣传者直接发到客户或行者手中的直投广告（宣传单等），也可划为此范畴。

#### 1. DM 广告的特点

DM 有几个突出的特点：自主性、系统性、测试性、互动性和灵活性。DM 广告的最大特点就是直接将广告宣传品传递到顾客手中，从而满足了市场细分的要求，且因为它是直接将广告投递到需要该广告信息的客户手中，直接、快速，所以广告效果也较其他类型的广告好。同时更兼有成本低、认知度高的优点，为商家宣传自身形象和商品提供了良好的载体。

#### 2. DM 广告的种类

因 DM 的设计表现自由度高、运用范围广，因此表现形式也呈现了多样化。

（1）推销性信函（sales letter）及附属品。美国广告界一致认为，推销性信函和明信片（mailing card）是最有推销力的广告之一。一般而论，这种极具推销力量的信函，包括加在信函上的附属品，大多会直接送达收信人。附属品这些小玩意的规格都很小，形式不拘。如图 6-1 所示，为一服装博览会的 DM 宣传单。

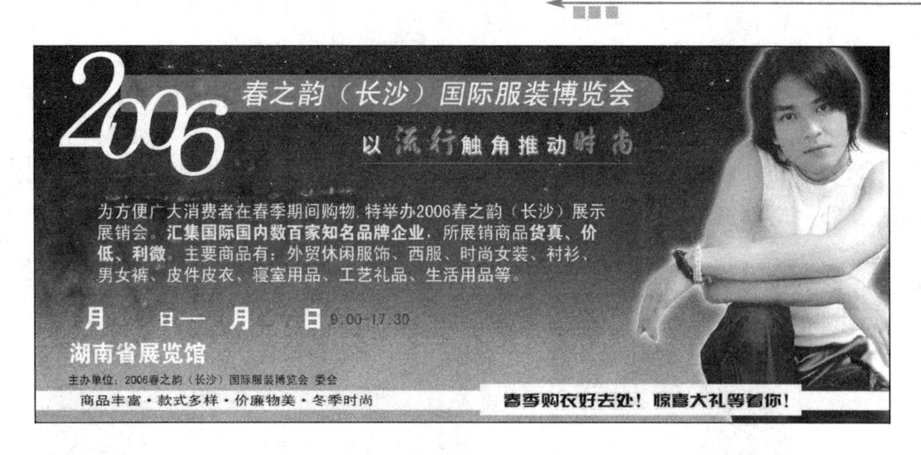


图6-1

（2）广告性质的名信片（Mailing card）。名信片式 DM 广告设计新颖多变，制作精致。既可刊载潜在顾客关心的问题，或印些促其订购的广告文，也可用做折扣券，从而大大提高销售效果。以明信片格式而言，在正面左边 1/3 处，可放广告文，此处非常醒目，因为该处是收信人最先看到的地方，如能在该处加上强烈诉求的话，则阅读背面的可能性很大。如图 6-2 所示为名信片 DM 广告，图 6-3 所示为卡片式 DM 广告。

图6-2

图6-3

（3）说明书或小叶书（leaflet）。用一张小型纸张折叠后和信函一起放进信封，用做广告函件，是 DM 中极经济的一种形式。其中折叠式说明书比一般说明书规格大，纸质也厚，可折为两折、四折或多折。因为其规格大，所以能充分叙述所推销商品的内容。设计这种折叠式的说明书要注意：在布局上除了能令人耳目一新外，更要有易于阅读的方案和插图。如图 6-4 所示，为一房地产宣传 DM 册。

图6-4

（4）型录（Catalog）。型录是商品的型号目录参考书，只寄送给明显的预期顾客。顾客们收到了这种型录，犹如亲身在商店或工厂参观商品一样。一般消费者都会充分利用这些详实的免费商品信息，按图索骥找到自己想要的东西，一个电话过去即可搞定。

在产品的广告宣传计划中，DM 的广告威力不容小觑，一点也不亚于传统广告媒体。完全融入普通消费者生活的 DM，决定其在企业产品的广告宣传中所扮演的角色的重要性，为产品的销售立下汗马功劳，如图 6-5 所示。

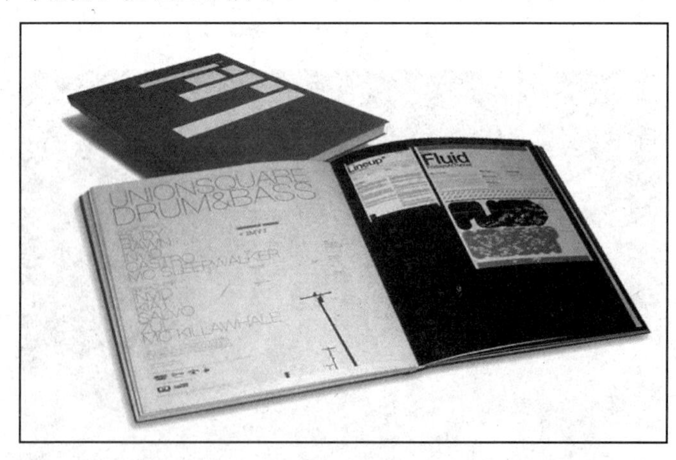


图6-5

### 3. DM广告设计计划

DM活动必须有一套完整的计划，设计时除掌握主题目标外，对预算的控制、DM制作方式的选定、诉求对象的取舍、时间的安排、名单的编制、地址的书写、邮递的程序，以至效用的评估，都在策划小组的精心策划之列，只有精心策划后再按步付诸实施，才能发挥出其最大的效用。

（1）设计目的。DM主要是配合其他广告活动来达成企业既定目标的效果。这种目标可能是为了进行市场调查，或为了促进销售，或为了公共关系的联系，或为了加强现有客户的联系。

（2）制作方式。DM内容自由，并无既定方式，可任由制作人员发挥创意，这也是DM的优点之一。DM的制作虽属创意的无穷发挥，但仍不可脱离目标，也要考虑预算经费而选择单发或连信系列。函件本身可选择以单张的目录、传单、明信片或画册方式制作。为使效用评估更明显可同时制作广告回函。

（3）推出时间。当诉求对象为某特殊阶层而广告预算有限，以及需配合较大的行销活动之时，都是使用DM的绝佳时机。

（4）发送对象。发送对象的选定，是DM活动成功与否的主要因素。因此在策划DM活动时，除力求函件内容的完美外，还要注意对象的选择。

（5）发送时间。不考虑时机、滥发DM，将分散DM的机能与效用，也浪费金钱。因此，应视所制作DM的性质配合发送，如节日性的问候，则DM要配合节日送达。DM活动是达成公司行销的一种方式，发送时机的选择可以协助行销的战略活动。

### 4. DM广告的设计要点

一份好的DM广告在设计时，应事先围绕它的优点考虑多一点儿，这对提高DM的广告效果大有帮助。DM的设计制作方法大致有如下几点：

（1）设计人员要透彻了解商品，熟知消费者的心理习性和规律，知己知彼，方能百战不殆。如图6-6所示，为酱油的DM广告，消费场所为超市，是日常生活用品，所以色彩对比不必过于强烈。

图6-6

（2）设计新颖有创意，印刷要精致美观，吸引更多的眼球。

（3）DM 广告的设计形式无法则，可视具体情况灵活掌握，自由发挥，出奇制胜。

（4）充分考虑其折叠方式、尺寸大小和实际重量，要便于邮寄，如图 6-7 所示。

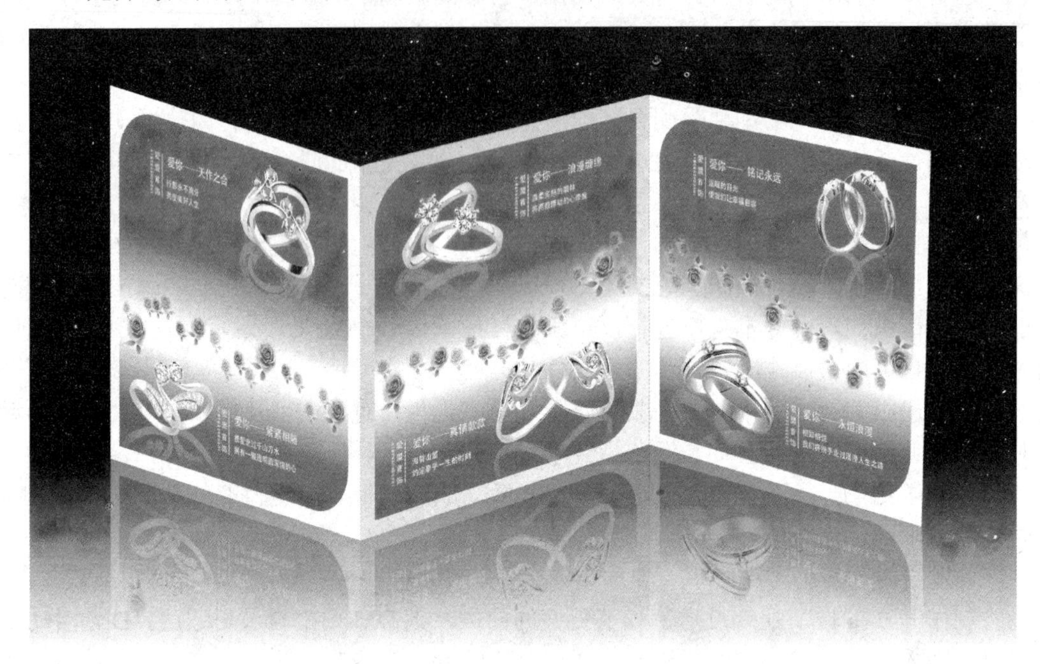


图6-7

（5）图片的运用，多选择与所传递信息有强烈关联的图案，刺激记忆。

## 设计任务描述

本项目主要介绍 DM 广告的特点和表现手法。我们以“儿童摄影 DM 折页广告”为例简明的讲解其制作流程、方法等技巧和知识。介绍 DM 广告的平面展开图及立体折叠倒影效果的设计过程。

### 任务一：DM 三折页平面展开图

儿童摄影 DM 三折页广告平面图如图 6-8 所示。

**STEP 01** 按住【Ctrl】键的同时，双击 Photoshop CS2 的工作界面灰色底板处，新建一幅名为“儿童摄影 DM 折页广告”的 CMYK 模式图像，设置“宽度”和“高度”分别为 30cm 和 21cm、分辨率为 300 像素/英寸，“背景内容”为白色，如图 6-9 所示。

**STEP 02** 设置前景色的 CMYK 参数值为（83%、51%、100%、16%），按【Alt】+【Delete】组合键在画布填充前景色。

**STEP 03** 选择“圆角矩形”工具，在选项条中设置“路径”，在图像编辑窗口中绘制比绿色区域稍小一些的路径，然后在路径调板中选择“将路径作为选区载入”按钮。

图6-8

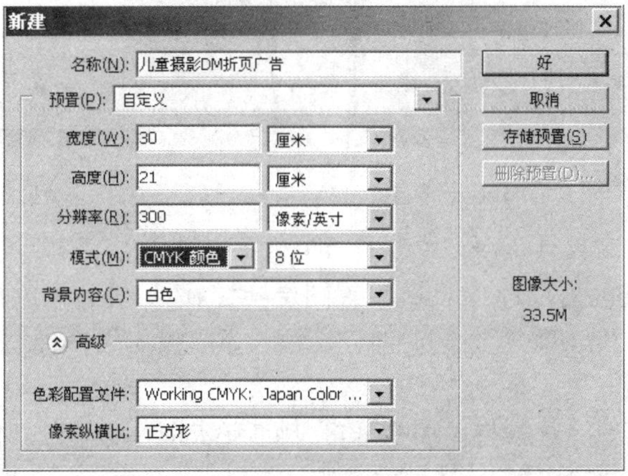

新建

名称(N)：儿童摄影DM折页广告

预置(P)：自定义

宽度(W)：30 厘米

高度(H)：21 厘米

分辨率(R)：300 像素/英寸

模式(M)：CMYK 颜色 8 位

背景内容(C)：白色

高级

色彩配置文件：Working CMYK：Japan Color ...

像素纵横比：正方形

好

取消

存储预置(S)

删除预置(D)...

图像大小：

33.5M

图6-9

**STEP 04** 选择渐变工具，设置线性渐变矩形条下方的 3 个色标，从左到右 CMYK 的参数值分别为(0、23%、92%、0%)、（0%、0%、0%、0%）和(0、23%、92%、0%)，按【Shift】键从左至右在圆角矩形选区中填充橙、白、橙线性渐变，按【Ctrl】+【D】组合键取消选区后调整圆角矩形大小及位置，效果如图 6-10 所示。

**STEP 05** 按【Ctrl】+【R】组合键打开标尺，拖出两根垂直参考线分别放置在 10cm、20cm 位置，这样用两根参考线将文件垂直三等分。

**STEP 06** 选择“钢笔”工具，绘制弧线形闭合路径，新建图层并将路径填充黄色，移动路径后填充白色，将这两个图层合并后将多余部分删除，效果如图 6-11 所示。

**STEP 07** 将图像右上方的弧线形路径上方的橙色部分作为选区载入后将其删除，并对选区描边“宽度 4 像素，橙色”，效果如图 6-12 所示。

**STEP 08** 从素材中打开“红衣女孩”照片素材，移入到图像的左侧，调整图片大小和位置。选择魔棒工具，单击照片中白色区域，按【Shift】键将人物周围的白色区域全部添加到选区中后，设置 2 像素羽化值，按【Delete】键将白色区域删除，在该图层添加图层蒙版，从下至上填充黑→白线性渐变，再设置图层样式为“外发光”，效果如图 6-13 所示。

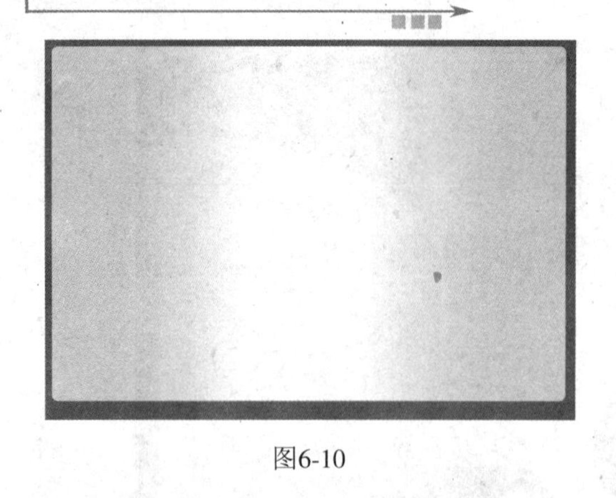

图6-10

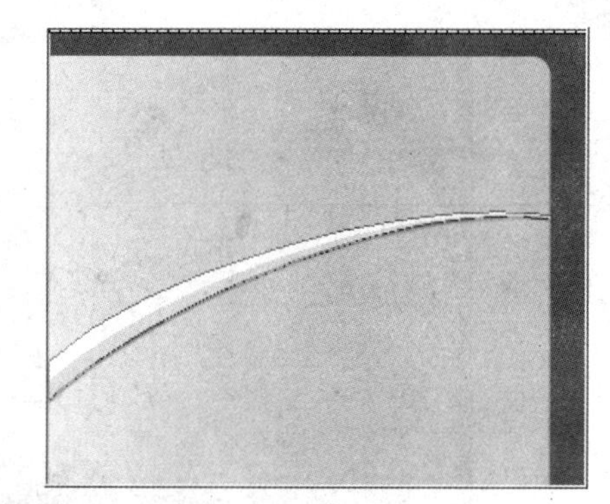

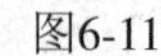

图6-11

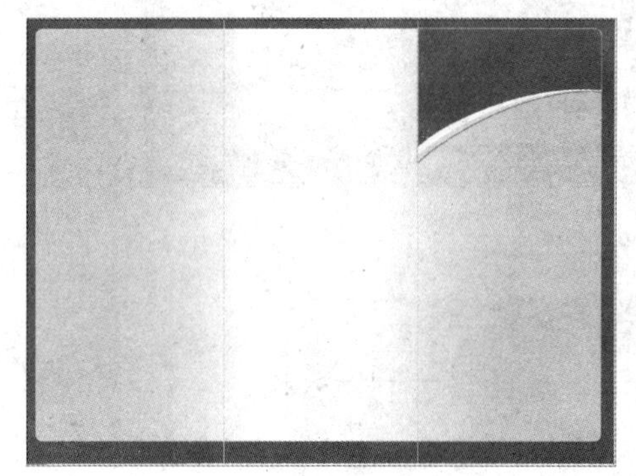

图6-12

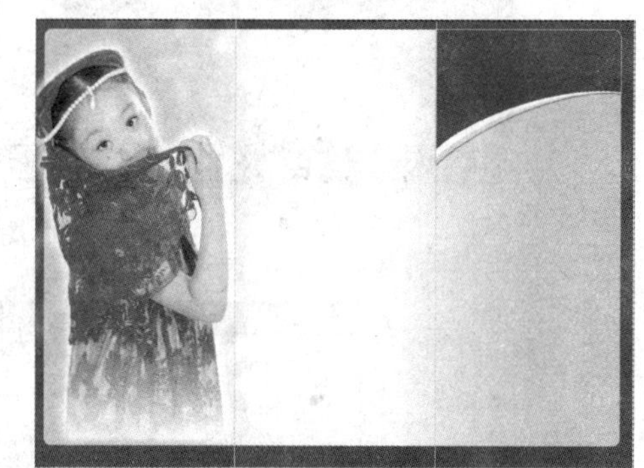

图6-13

**STEP 09** 从素材中打开“海边女孩”图片，自由变换将图片变小，选择椭圆选框工具在该图片上绘制椭圆选区后反选Delete，设置图层样“描边”，描边颜色CMYK参数值为（33%、0%、99%、0%），大小“18像素”，同时对该图层设置“投影”、“外发光”等，效果如图6-14所示。

**STEP 10** 打开其他照片素材，用步骤8中的方法将各图片分别修整为圆形区域，调整位置及大小后，如图6-15所示。

图6-14

图6-15

**STEP 11** 在“红衣女孩”图层单击鼠标右键选择“拷贝图层样式”，如图6-16所示。

**STEP 12** 分别在其他照片所在图层上单击鼠标右键，选择“粘贴图层样式”，如图6-17所示，图像效果如图6-18所示。

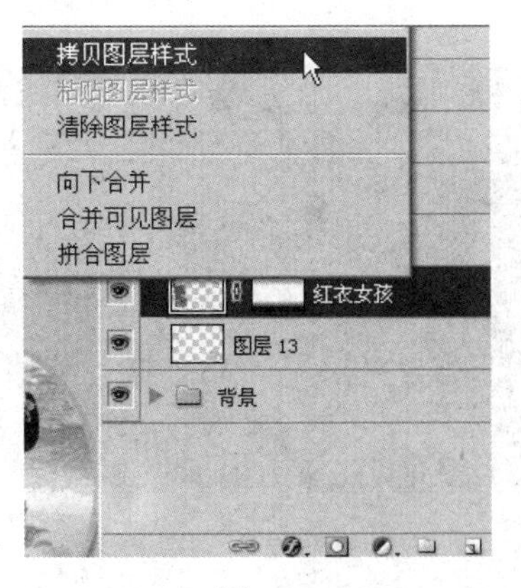


图6-16

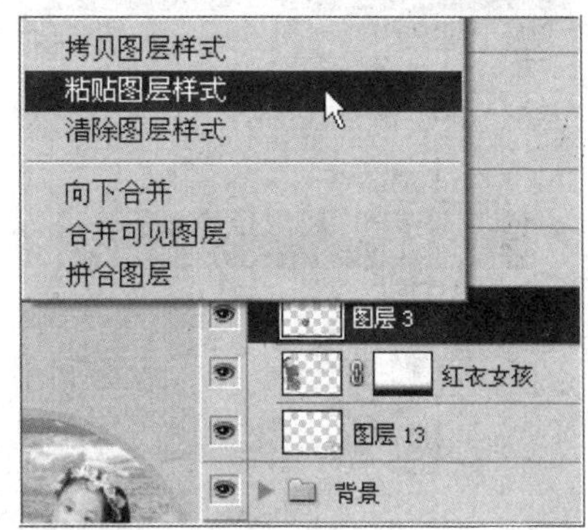


图6-17

**操作提示**

说　　明：读者可自行绘制“天下宝贝”店名标识。

方法提示：选择适当字体，如“方正新舒体简体”，用“横排文字蒙版工具”输入文字后得到文字的选区，在路径面板下方选择“将选区转换为路径”，然后用“直接选择工具”和“转换点工具”编辑调整路径即可。

**STEP 13** 打开“天下宝贝”店名标识素材，如图6-19所示。

图6-18

图6-19

**STEP 14** 将“天下宝贝”标识移入到图像中，并放置右上角，设置图层样式为“投影”和“斜面与浮雕”，并在图层调板上方设置该图层的填充为“0”，如图6-20所示。

**STEP 15** 然后在标识上添加装饰椭圆效果，如图6-21所示。

**STEP 16** 在图像右上方继续输入文字“儿童摄影广场”，字体为“经典综艺体简”，执行菜单栏【图层】/【栅格化】/【文字】命令，然后用“矩形选框”工具将文字的上半部分选中后按【Ctrl】+【Shift】+【J】组合键通过剪贴的新层，按【Ctrl】键并单击新层，将新层选区载入后填充“线性光谱渐变”，效果如图6-22所示。

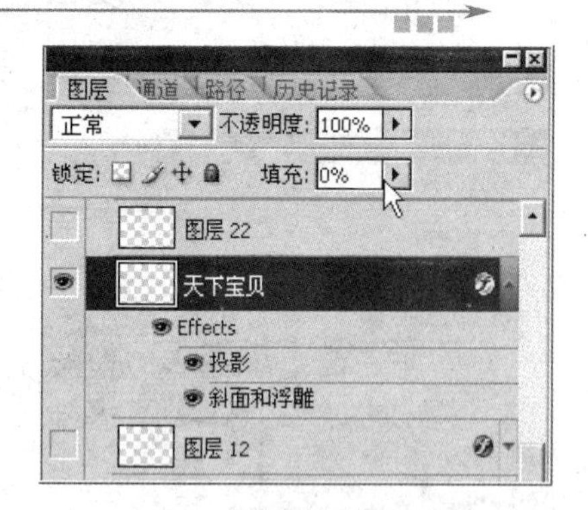


图6-20

图6-21

图6-22

**STEP 17** 选择文字工具，输入其他文字，并对这些文字设置不同的效果，如图 6-23 所示，至此任务一完成。

图6-23

## 任务二：DM 三折页立体折叠倒影效果处理

**STEP 01** 将文件保存后，合并所有图层为图层 1，然后新建图层 2，从上至下填充黑白渐变，交换两图层位置后，用“矩形选框”工具沿参考线分别将图层按垂直分割的三部分选取后剪切并粘贴到新图层，按【Ctrl】+【H】组合键隐藏参考线。链接这三个图层，按【Ctrl】+【T】组合键自由变换将其变小，如图 6-24 所示。

图6-24

**STEP 02** 取消链接，分别对三个图层按【Ctrl】+【Shift】+“控边中点”进行平行变换，效果如图 6-25 所示。

图6-25

**STEP 03** 激活三折页的中间页所在图层，并载入该图层的选区，单击图层调板下方的“添加调整图层”，选择“亮度 / 对比度”，如图 6-26 所示。

**STEP 04** 在弹出的【亮度 / 对比度】对话框中将【亮度值】降低到 60%左右，如图 6-27 所示，添加调整图层后图像更加增添了立体感，如图 6-28 所示。

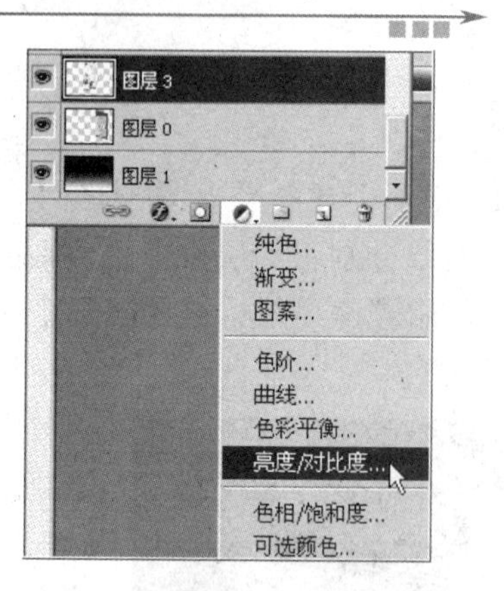


图6-26

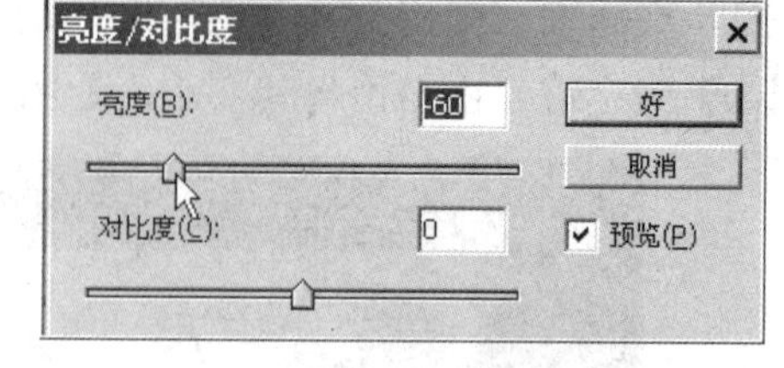


图6-27

图6-28

**STEP 05** 分别将三折页的每个折页图层复制并进行平行变换，制作倒影，最终完成效果如图 6-29 所示，至此任务二完成。

图6-29

## 任务三：DM 三折页背面效果设计

此部分由读者来发挥完成，注意与正面图的色彩，版式要相协调。

## DM作品欣赏

请欣赏，如图 6-30、图 6-31 所示。

图6-30

图6-31

## 课后实训项目

设计一款四折页的长春DM宣传广告。

实训要求：

（1）文件大小自定。

（2）素材选取要体现长春特色。

（3）色彩运用合理，整体布局美观，有一定的宣传价值。

（4）制作折页立体效果，添加投影。

# “龙枣胶囊”产品包装设计

此处为贴粘处
入梦香
请仔细阅读说明书并按说明使用或在药师指导下购买和使用。
OTC
龙枣胶囊
longZao JiaoNang
0.125g×12粒×2板
成都地奥制药集团有限公司
ChengDuDiAoZhiYaoJiTuanYouXianGongSi
此处为贴粘处
RUMENXIANG
龙枣胶囊

# 项目七 “龙枣胶囊”产品包装设计

## 任务引入

老师：大家看见我手中拿的是什么？

学生：一盒粉笔。

老师：对，那么，如果这盒粉笔，不用这个盒子装，拿着方便吗？

学生：不方便。

老师：这就是我们要讲的产品包装，今天我们就要学习产品包装的设计。

## 任务实施

### 产品包装和产品造型设计（相关知识）

好的包装设计和产品造型能吸引购买者的注意，传达商品信息，激发产品的销路。尤其是当今的市场经济情况下，商品在销售市场中的竞争是极为激烈的。因此，包装的外形能否直接抓住顾客的注意力，直接关系到产品销量的多少。

用 Photoshop 设计包装效果图和产品效果图可以达到非常逼真的效果。与单纯的平面设计相比，包装设计效果图需要考虑在三维空间中的效果。

包装设计就是对产品的内外总包装进行设计。它是平面设计的具体内容之一。

商品包装的形式有纸箱、纸袋、塑料袋、塑料瓶和玻璃瓶等。其中以纸盒最为普及。纸盒设计分为结构设计和装潢设计，两者结合才能产生完美的艺术效果。盒面装饰一般以文字为主，纹样为辅，两者互相结合。设计人员应掌握好各种字体的写法，字体要书写得正确美观。文字既可作为设计标志用，也可作为说明用。甚至在一件包装设计中完全用文字表现，也能朴素无华地突出重点。

在现代消费市场上，商品包装设计中的色彩效果，具有提高商品销路的决定作用。因此，全面装饰应色调统一明快，引人注意。成功的色彩应用，能给消费者留下极深的第一视觉印象，从而产生购买的欲望。

本例将介绍制作包装设计效果图和产品设计效果图的步骤。首先要确定纸盒的选型和展开图，如图 7-1、图 7-2 所示。

确定哪个面是主要的、哪个面最容易被消费者注意、哪个面是次要的、哪个面是不需要装饰的，如图 7-3 所示。

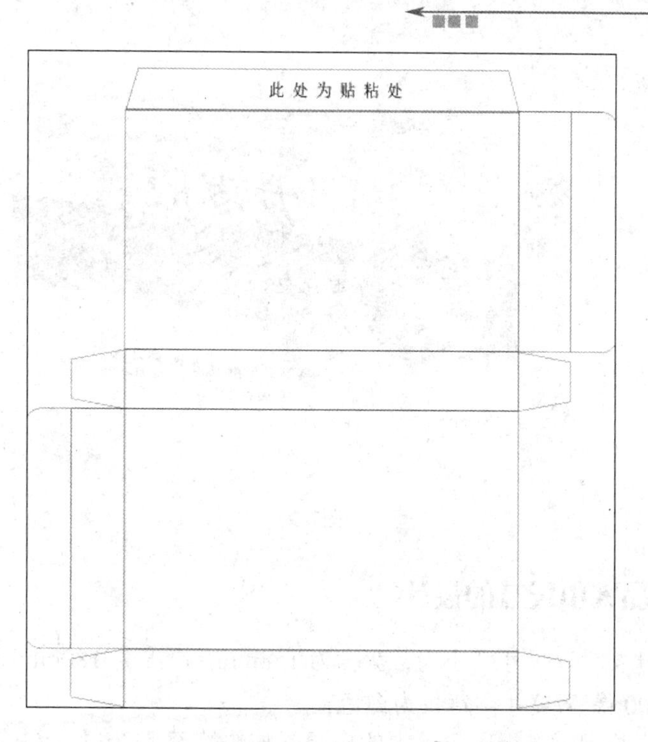
此处为贴粘处

图7-1

此处为贴粘处
请仔细阅读说明书并按说明使用或在药师指导下购买和使用。
OTC
龙枣胶囊
longZao JiaoNang
RUMENXIANG
成都地奥制药集团有限公司
ChengDuDiAoZhiYaoJiTuanYouXianGongSi
0.125g×12粒×2板

图7-2

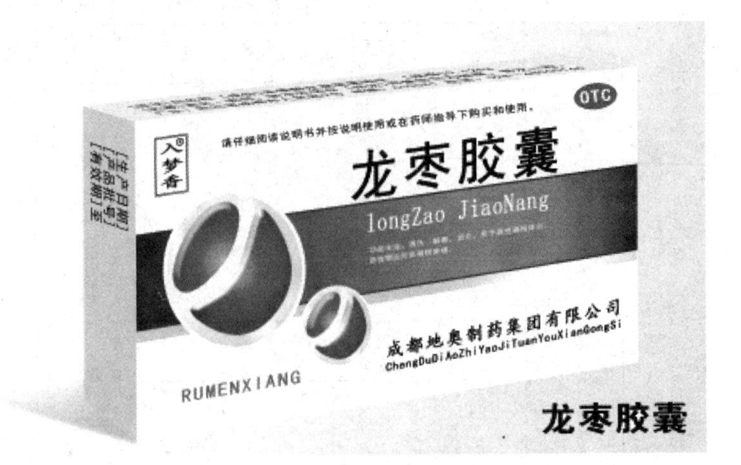


图7-3

## 任务一：产品大小尺寸的设计

**STEP 01** 新建文件，尺寸大小为：宽度为158mm，高度为180mm，颜色模式为CMYK模式，分辨率为300像素/英寸，背景为白色。

**STEP 02** 显示标尺，在视图菜单中的标尺或按快捷键【Ctrl】+【R】打开标尺即可，拖出相应的参考线，水平参考线的位置为：16mm、82mm、98mm、164mm；垂直参考线的位置为：12mm、26mm、132mm、146mm，效果如图7-4所示。

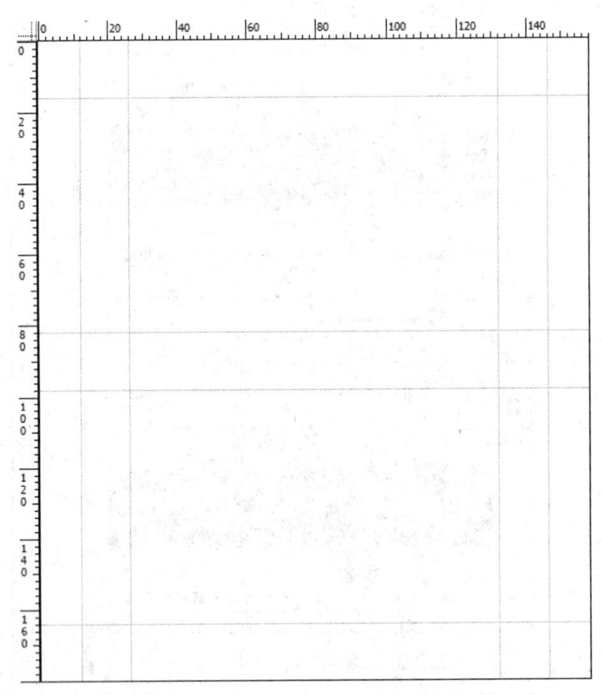

图7-4

**STEP 03** 从参考线的位置可以看出，药品的包装盒的每一个侧面折起的部分的宽度为106mm，高为16mm；正面部分的宽度为106mm，高为66mm。

操作提示

参考线是通过从文档的标尺中拖出而生成的，因此请确保标尺是打开的（【Ctrl】+【R】组合键）。

按住【Shift】键拖动参考线能够强制它们对齐标尺的增量/标志。

执行菜单中【视图】/【新建参考线】命令创建参考线非常精确。

**STEP 04** 现在我们可以用“直线”工具和“圆角矩形”工具（圆角矩形的半径设为50px）沿参考线的位置，分别绘制如图7-2所示的1～2像素之间的实线或不同颜色的实线，其中深绿色的线是水平方向折叠的位置，红色的线是垂直方向折叠的位置，如图7-5就是我们所要设计的效果图。

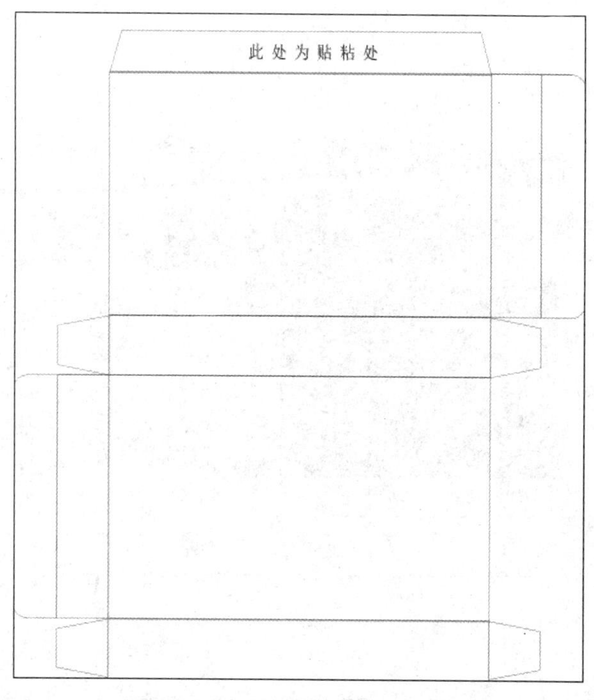


图7-5

## 任务二：平面效果图的设计

**STEP 01** 在Photoshop软件中，打开带有盒子参考线的PSD文件。

**STEP 02** 使用矩形选框工具并填充前景色CMYK的值为（96，197，7，1），按【Alt】+【Delete】组合键填充如图7-6、7-7所示的颜色。

**STEP 03** 新建图层2，载入图层1的选区，单击鼠标右键选择【变换选区】命令或执行【选择菜单】/【变换选区】命令，或按【Alt】+【S】+【T】组合键，有时如果选区太小时，我们还可以用工具栏中的选项，对选区进行更精确的放大或缩小，同时填充渐变的颜色，如图7-8、图7-9、图7-10所示。

此处为贴粘处

图7-6

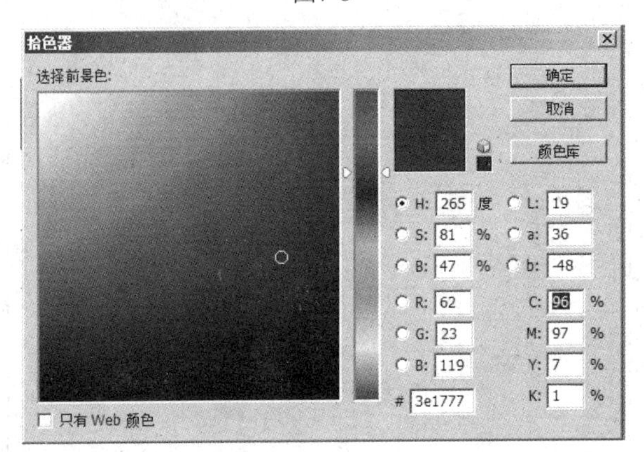
拾色器
选择前景色:
确定
取消
颜色库
H: 265 度
S: 81 %
B: 47 %
L: 19
a: 36
b: -48
R: 62
G: 23
B: 119
C: 96 %
M: 97 %
Y: 7 %
K: 1 %
# 3e1777
只有 Web 颜色

图7-7

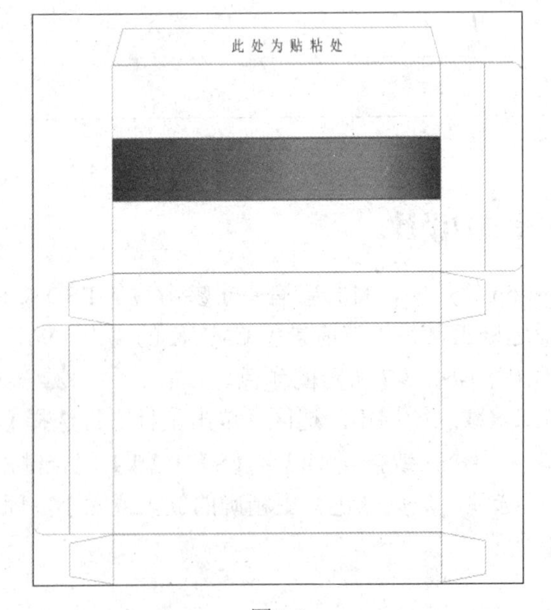
此处为贴粘处

图7-8

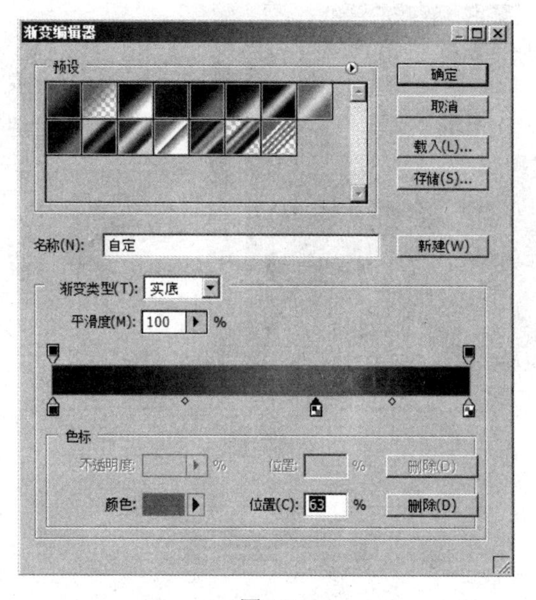


图7-9

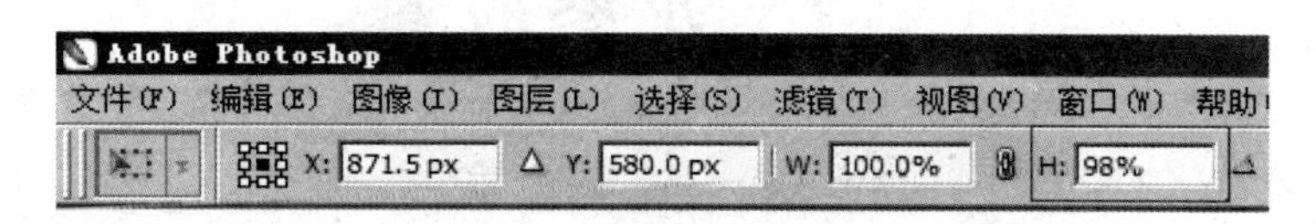


图7-10

**STEP 04** 再次使用“矩形选框”工具画出矩形，同时填充 CMYK 的值设置为（23，15，15，1），按【Alt】+【Delete】组合键填充前景色，如图 7-11、7-12 所示。

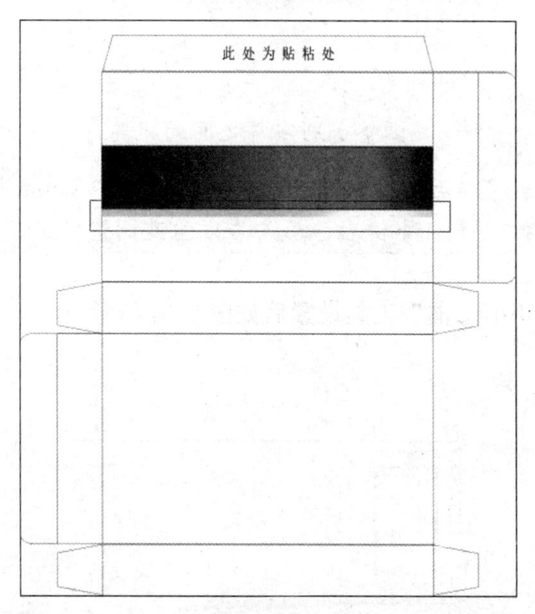


图7-11

**STEP 05** 插入文字工具，选择黑体字输入“龙枣胶囊”药品的名称，然后使用白色输入效果如图 7-13 所示的文字。

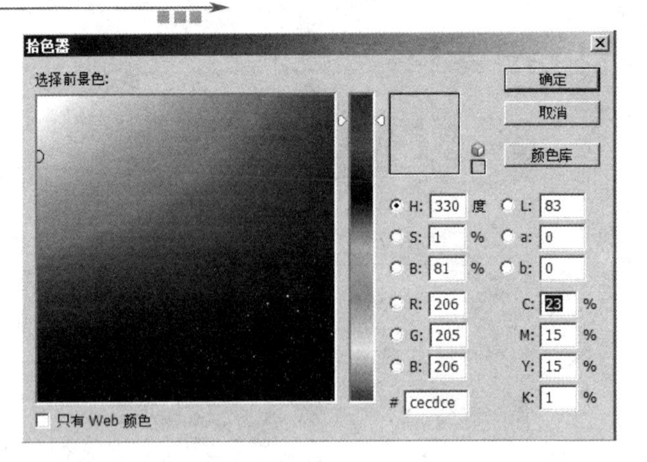


图7-12

图7-13

**操作提示**　　调整个别字符之间的距离

使用文字工具添加文字以后，如果你想调整个别字符之间的距离，可以将光标放在需要调整的两个字符之间，按住【Alt】键后，用左右方向键调整，非常灵活和方便。

**STEP 06**　利用“矩形选框”工具设置后如图 7-14 所示。

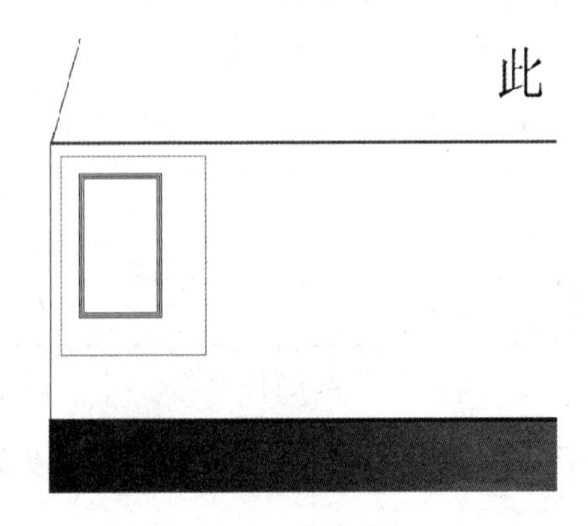


图7-14

**STEP 07** 利用直排文字工具输入如下文字，将文字摆放在合适的位置，效果如图 7-15 所示。

图7-15

**STEP 08** 在药盒的下方输入相应的文字，效果如图 7-16 所示。

图7-16

**STEP 09** 利用“椭圆选框”工具，按住【Shift】键画一正圆，同时填充白色，效果如图 7-17 所示。

图7-17

**STEP 10** 新建一图层选择白色圆的选区，同时对选区进行等比例缩放，填充灰色，并使用减淡工具，对灰色局部进行减淡处理，效果如图 7-18 所示。

图7-18

**STEP 11** 画出如一粒药片的形状，我们要给图形加图层样式：斜面与浮雕。因此，在图形设计上要力求生动、形象，只有这样才能吸引消费者，效果如图 7-19、图 7-20 所示。

图7-19

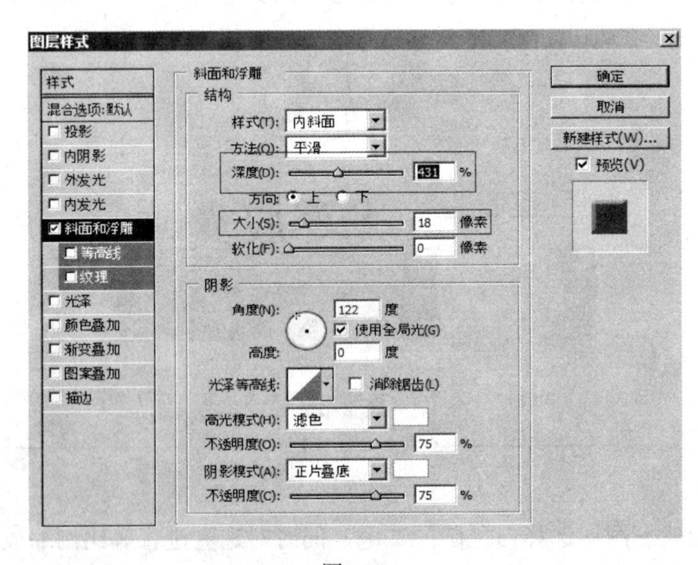


图7-20

**STEP 12** 这个图形的制作与前一个有相同之处，效果如图 7-21 所示。

图7-21

**STEP 13** 把前两个图层链接并复制，然后“变换”对象或执行菜单【编辑菜单】/【变换】命令，将图形放入适当的位置，同时缩小，效果如图 7-22 所示。

图7-22

**STEP 14** 画椭圆并填充绿色，输入英文字母，效果如图 7-23 所示。

图7-23

**STEP 15** 用横排文字工具输入相应的文字，效果如图 7-24 所示。

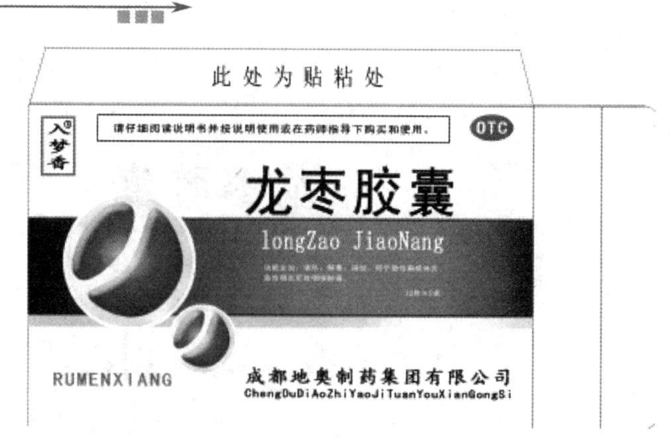


图7-24

**STEP 16** 现在我们需要把药盒的其他几个折叠面的文字输入完整，效果如图 7-25 所示。

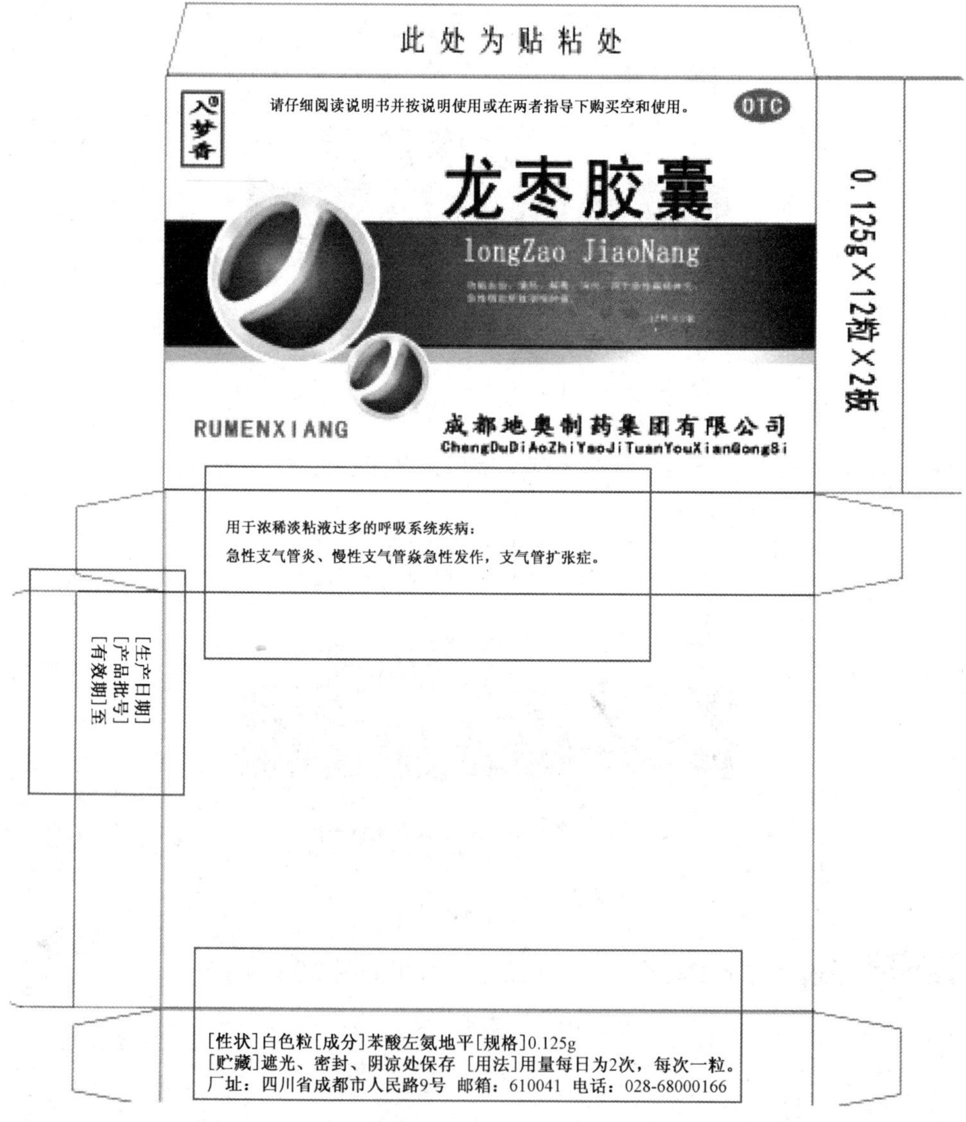


图7-25

## 任务三：立体效果图的设计

在包装设计阶段，设计师要根据客户的需求，设计出符合要求的立体效果图供客户确认，并根据客户的意见进行反复的修改完善，直到客户满意为止。根据同样的方法在新图层上我们可以直接把前面操作的图层合并或链接起来，这样就可以比较省时的制作药品盒子的立体效果了。

立体效果如图 7-26 所示。

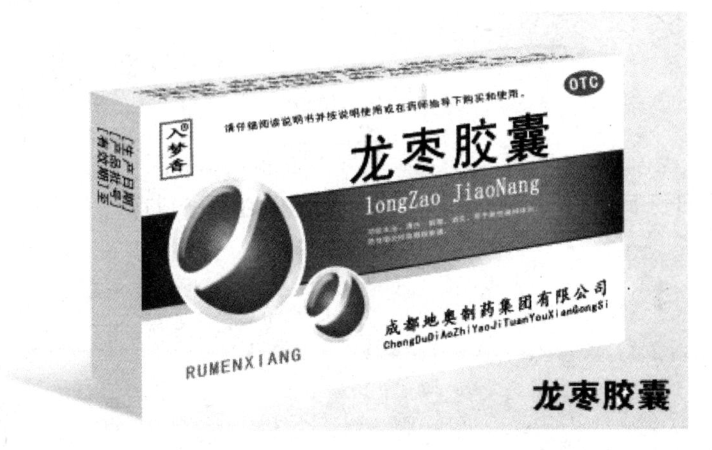


图7-26

**STEP 01** 制作药品盒的渐变背景，药品盒采用了白色为底色、蓝和黑色作为主导色，这里将背景设计为一种由白到 5%的灰为渐变色，这样可以更加的突出我们制作的药盒的基调。

**STEP 02** 对包装盒的一个正面图像所在的图层进行透视、斜切等变换后，效果如图 7-27 所示。

图7-27

**STEP 03** 对包装盒的左侧面图像所在的图层进行透视、斜切等变换后，效果如图 7-28 所示。

图7-28

**STEP 04** 对包装盒的顶面图像所在的图层进行透视、斜切等变换后，效果如图 7-29 所示。

图7-29

**STEP 05** 对余下的正面图层中的内容进行链接或合并及透视等变换后，效果如图 7-30、图 7-31 所示。

图7-30

图7-31

**STEP 06** 对左侧面图层中的内容进行透视等变换后，效果如图 7-32 所示。

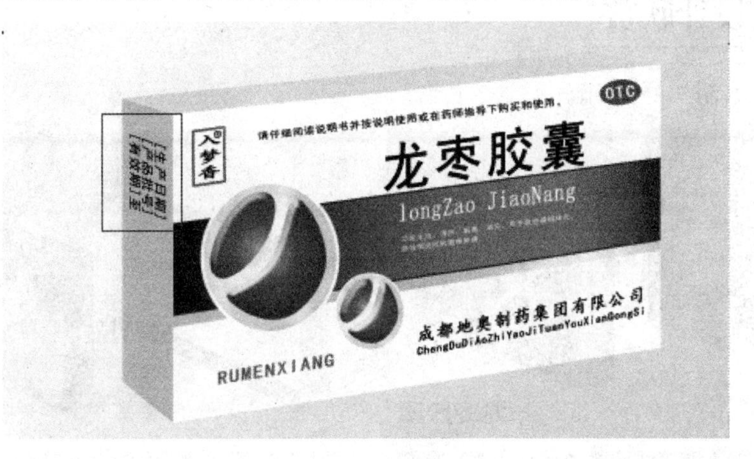


图7-32

**STEP 07** 对顶面图层中的内容进行透视等变换后，效果如图 7-33 所示。

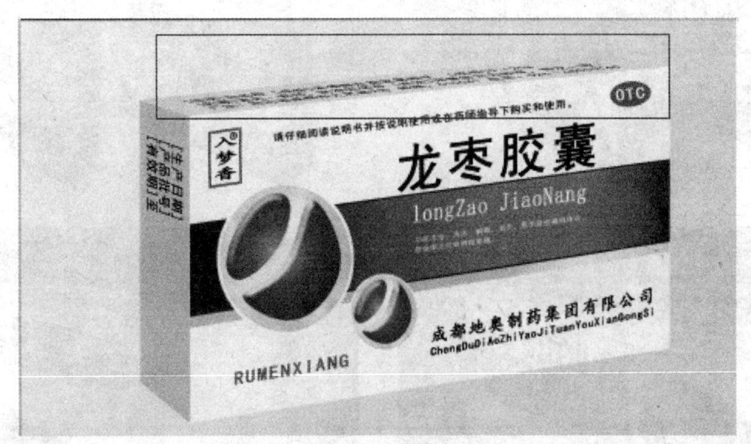


图7-33

**STEP 08** 对图像的背景填充线性渐变，并利用多边形套索工具绘制包装盒的投影效果，到这里包装盒的立体效果图制作完成，最后效果如图 7-34 所示。

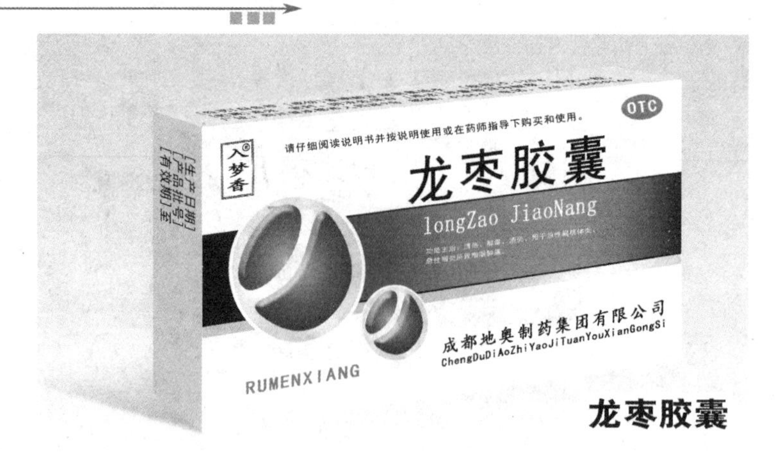


图7-34

## 相关设计欣赏

请欣赏，如图 7-35 所示。

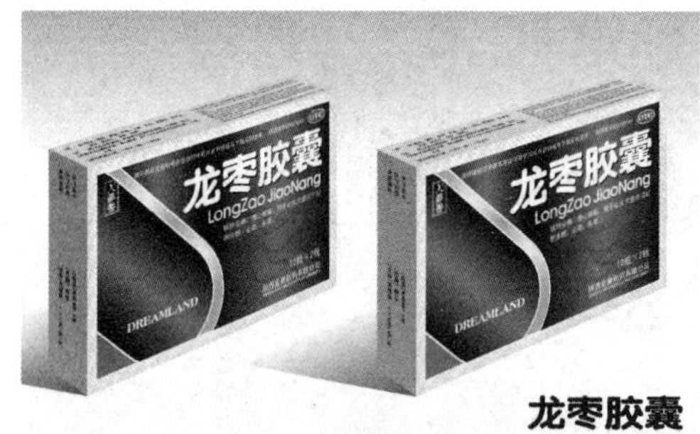


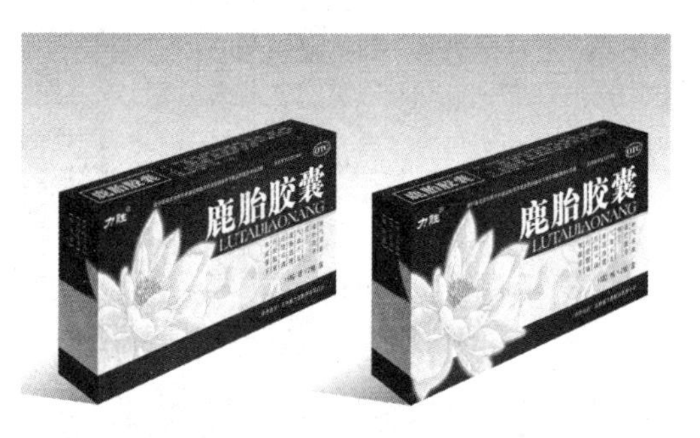

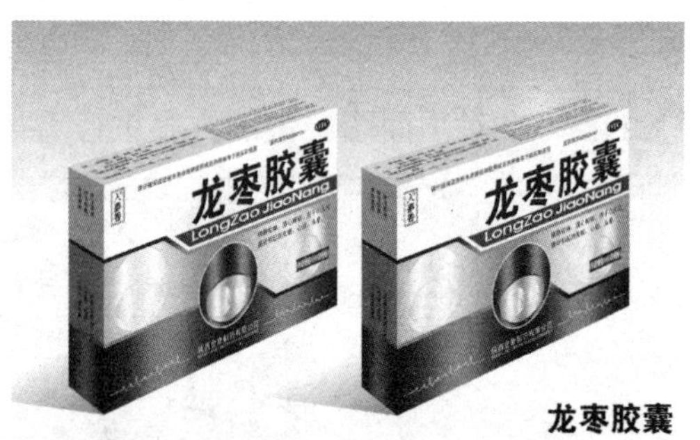


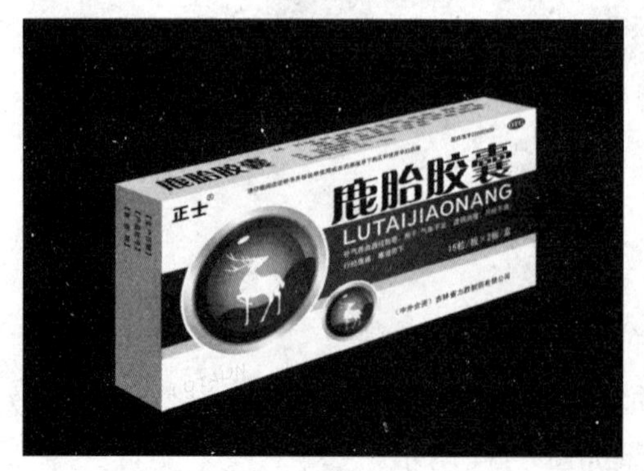


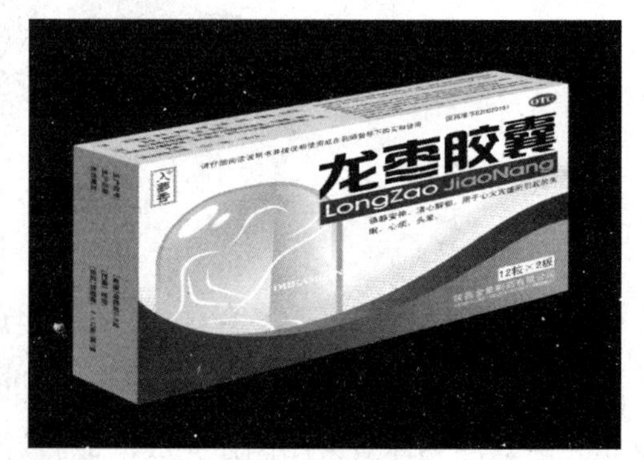


图7-35

## 课后实训项目

包装设计按产品内容分类可分为：日用品类、烟酒类、食品类、化妆品类、医药类、五金家电类、纺织品类、儿童玩具类等。

试着设计一个化妆品类的包装设计。

尺寸：设计规格自己定义。

设计要求：内容以儿童化妆品的题材为主，设计新颖、简洁大方、文字的设计也要突出儿童使用的特色，使用色彩明快的颜色。

# “健康与养生”书籍装帧设计

# 项目八 “健康与养生”书籍装帧

## 任务引入

老师：书，我们每个人都见过。
学生：当然。
老师：那么，不知道大家有没有注意观察，不同人群用的书是有所区别的。
学生：怎么个区别法？
老师：下面我们来学习图书装帧的设计方法。

## 任务实施

### 书籍装帧（相关知识）

书籍装帧设计是指书籍的整体设计。它包括的内容很多，其中封面、扉页和插图设计是其中的三大主体设计要素。

封面设计是书籍装帧设计艺术的门面，它是通过艺术形象设计的形式来反映书籍的内容。在当今琳琅满目的书海中，书籍的封面起了一个无声的推销员作用，它的好坏在一定程度上将会直接影响人们的购买欲。

图形、色彩和文字是封面设计的三要素。设计者就是根据书的不同性质、用途和读者对象，把这三者有机地结合起来，从而表现出书籍的丰富内涵，并以一种传递信息为目的和一种美感的形式呈现给读者。

当然有的封面设计则侧重于某一点。如以文字为主体的封面设计，此时，设计者就不能随意地丢一些字体堆砌于画面上，否则只仅仅按部就班地传达了信息，却不能给人一种艺术享受。且不说这是失败的设计，至少对读者是一种不负责任的行为。没有读者就没有书籍，因而设计者必须精心地考究一番才行。设计者在字体的形式、大小、疏密和编排设计等方面都比较讲究，在传播信息的同时给人一种韵律美的享受。另外，封面标题字体的设计形式必须与内容以及读者对象相统一。成功的设计应具有感情，如政治性读物设计应该是严肃的；科技性读物设计应该是严谨的；少儿性读物设计应该是活泼的，等等。

好的封面设计应该在内容的安排上做到繁而不乱，就是要有主有次，层次分明，简而不空，意味着简单的图形中要有内容，增加一些细节来丰富它。例如，在色彩上、印刷上、图形的有机装饰设计上多做些文章，使人看后有一种气氛、意境或者格调。

书籍不是一般商品，而是一种文化。因而在封面设计中，哪怕是一根线、一行字、一个抽象符号，一二块色彩，都要具有一定的设计思想。既要有内容，同时又要具有美感，达到雅俗共赏。

总之，一本好的书籍不仅要从形式上打动读者，同时还要“耐人寻味”，这就要求设计者具有良好的立意和构思，从而使书籍的装帧设计从形式到内容形成一个完美的艺术整体。

看到有不少朋友喜欢做书籍装帧的东西，就挑选了一些常识性的东西和大家分享。当然任何规范的东西都是死的，只有创意是常新的，所以了解学院派的规则不是想框住大家的思路，而是从了解的基础上去突破常规，更加踏实地走出自己的路来。

### 1. 书籍的定义

书籍是指在一定媒体上经雕刻、抄写或印刷或光映的图文著作物。

### 2. 书籍的构成

书籍包括封面、护封、腰封、护页、扉页、前勒口、后勒口、目录、正文等。

当护封与封面合二为一，称简精装。有些书有环扉页（或环衬），环扉之后，有一个护页，护页有时候不印东西或只染一个底色，护页之后是扉页，有些书还有书函（或叫书套）。

### 3. 书籍设计的定义

书籍设计指开本、字体、版面、插图、封面、护封以及纸张、印刷、装订和材料事先的艺术设计。从原稿到成书的整体设计，也被称为装帧设计。

装帧的英文：book design 或 book binding design。

实际上它是：视觉艺术（Communication visual）、印刷艺术（Typegraphy）、平面设计（Graphicdesign）、编辑设计（Editorialdesign）、工业设计（Industrydesign）、桌面排版（Desk Top publishing）的综合艺术。

### 4. 书籍设计的任务

（1）形式与内容统一。

（2）考虑读者年龄、职业、文化程度。

（3）艺术＋技术。

### 5. 书籍设计的范围

（1）开本大小及形态的选择。

（2）外观、封面、护封、书脊、勒口、封套、腰封、顶头布、书签、书签布、书顶、书口的一系列设计。

（3）版式编排（包括：字体、字号、字间距、行距、分栏、标题、正文、注释、书眉和页码）设计。

（4）零页的设计（包括：扉页、环衬、版权页）。

（5）插图的绘制。

（6）印刷工艺的选择和应用。

（7）材料的选择和应用。

### 6. 书籍版式设计的基本常识

（1）版式设计的目的：方便读者，给读者美的享受。

（2）版式设计的定义：版面的编排设计。在一定的开本上，把书籍原稿的题材、结构、层次、插图等方面的元素进行排列组合，将理性思维个性化地表现出来。版式设计以个人风格和艺术特色的视觉传送方式，传递给读者，在传递信息的同时也产生感官上的美感。

（3）常用的一些版式规格：

a)诗集：通常用比较狭长的小开本。

b)理论书籍：大 32 开比较常用。

c)儿童读物：接近方形的开本。

d)小字典：42 开以下的尺寸，106/173mm。

e)科技技术书：需要较大较宽的开本。

f)画册：接近于正方形的比较多。

### 7. 书籍装帧和书籍生产评审标准

（1）装帧：设计方案是否符合出书意图。

（2）版面设计：

a)书籍的开本、版心和图片尺寸是否协调；设计风格是否贯穿全书始终，包括扉页和附录版面是否易读，是否和书籍内容相适应（具体到字号、行距、行长之间的关系，左右两边整齐或者只有左边整齐等）。

b)字体是否适应书籍的内容和风格。

c)设计方案的执行情况如何（文字与图片的关系、注释和脚注等是否便于查找）。

d)版面的字安排是否一目了然、适合并符合目的（文字是否醒目，不同字体的混合是否恰当，标题、页码、书眉等的安排）。

（3）美术设计：

a)护封设计和封面设计是否符合书籍的内容和要求，书脊上是否有文字。

b)护封设计和封面设计是否组合在整体方案之中（如文字、色彩）。

c)封面选用的材料是否合理。

d)图片（照片、插图、技术插图、装饰等）是否组合在基本方案之中，是否符合书籍的要求等。

e)封面设计是否适应书籍装订的工艺要求（如封面与书脊连接处，平装书的折痕和精装书的凹槽等）。

f)技术：版面是否均衡（字距有没有太宽或太窄）。

g)版面：目录索引、表格和公式的版面质量是否与立体部分相称，字距是否与字的大小和字的风格相适应（在正文字体、标题字体和书名字体方面，标点符号和其他专门符号的字距是否合适）；字距是否均匀地隔开；标题的断行是否符合文字的含义。字体的醒目是否与字体的风格相适应；词的转行是否明智，是否出现过多；只有左边整齐的版面，右边是否和谐。

h)拼版：拼版是否连贯和前后一致；标题、章节、段、图片等的间隔是否统一；是否避免了标点在行的第一个字位置的情况出现。

## 设计任务描述

图书作为知识与智慧的载体，其封面设计是图书不可或缺的一个要素，现在我们就来对封面进行美化，输入文字及图像进行书籍装帧设计。

### 任务一：封面展开图的设计

封面展开图效果如图 8-1 所示。

JIANKANGYUYANGSHENG 健·康·与·养·生
JIANKANGYUYANGSHENG 健·康·与·养·生
健康与养生
张孔鸣 编著
ISBN-7-5338-6325-9
ISBN-7-5338-6325-9 定价：10.00元
长春职业技术学院出版社
健康与养生
张孔鸣 编著
长春职业技术学院出版社

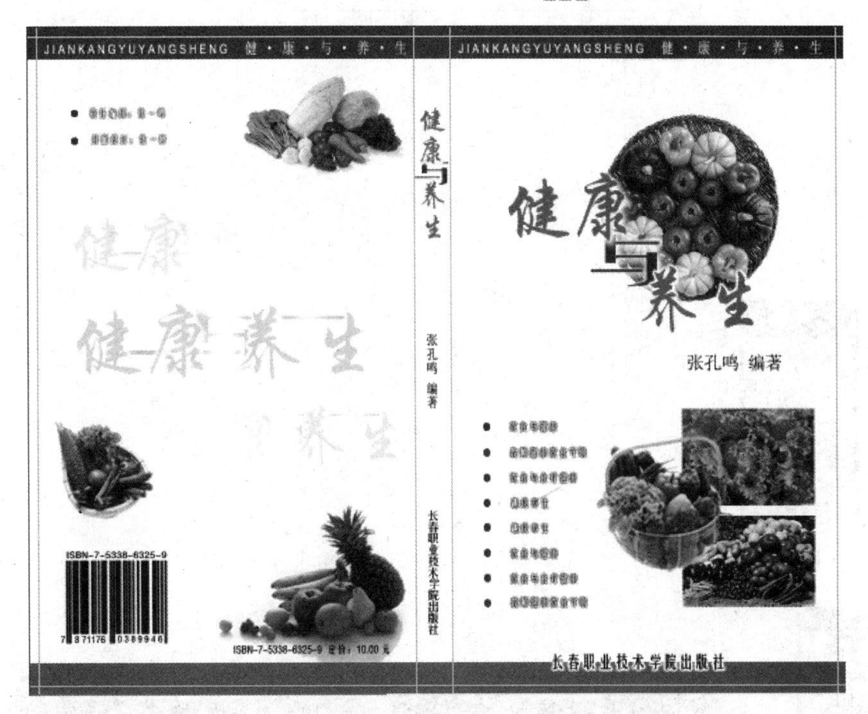

图8-1

**STEP 01** 新建文档，执行【文件】/【新建】命令（或按快捷键【Ctrl】+【N】），新建一个296mm×236mm大小的，分辨率在100dpi，颜色模式为RGB的文档。在弹出的【新建】对话框中，如图8-2所示设置各项参数，单击“确定”按钮新建文档。

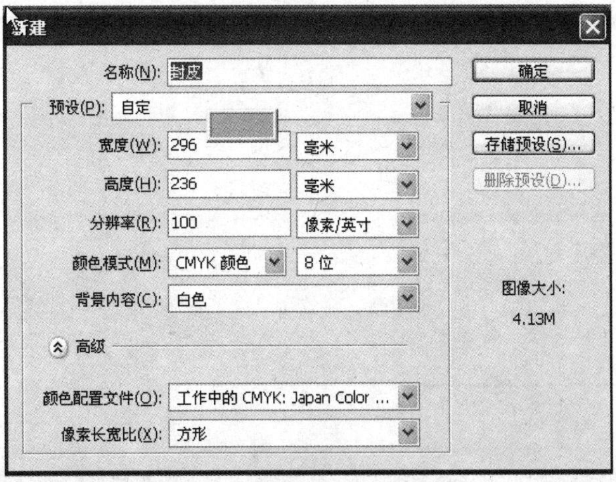

新建
名称(N): 封皮
确定
预设(P): 自定
取消
宽度(W): 296 毫米
存储预设(S)...
高度(H): 236 毫米
删除预设(D)...
分辨率(R): 100 像素/英寸
颜色模式(M): CMYK 颜色 8 位
背景内容(C): 白色
图像大小:
4.13M
高级
颜色配置文件(O): 工作中的 CMYK: Japan Color ...
像素长宽比(X): 方形

图8-2

**STEP 02** 按【Ctrl】+【R】组合键显示出标尺。在工具箱中选择“移动工具”拖出辅助线，如图8-3、图8-4所示。

**STEP 03** 新建图层1，在图层1中使用“矩形选框”工具画出矩形，并填充红色（快捷键【Alt】+【Del】），如图8-5、图8-6所示。

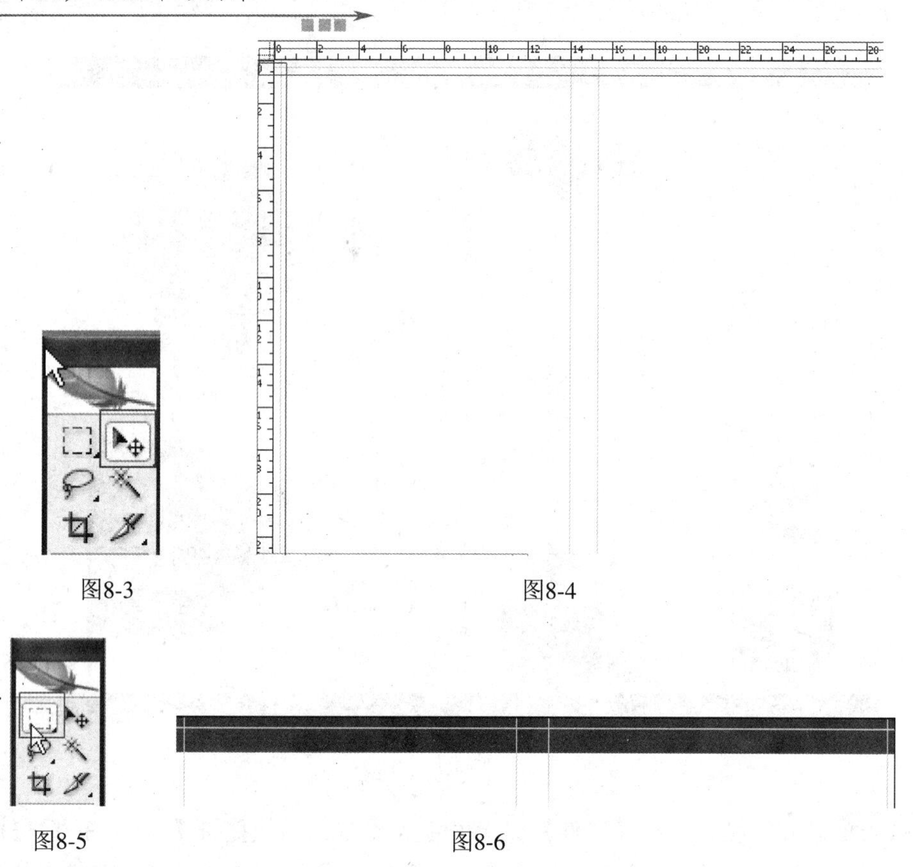

图8-3　　图8-4

图8-5　　图8-6

**STEP 04** 载入图层 1 的选区移至下方并新建图层 2，填充绿色或按快捷键【Ctrl】+【Del】，如图 8-7 所示。

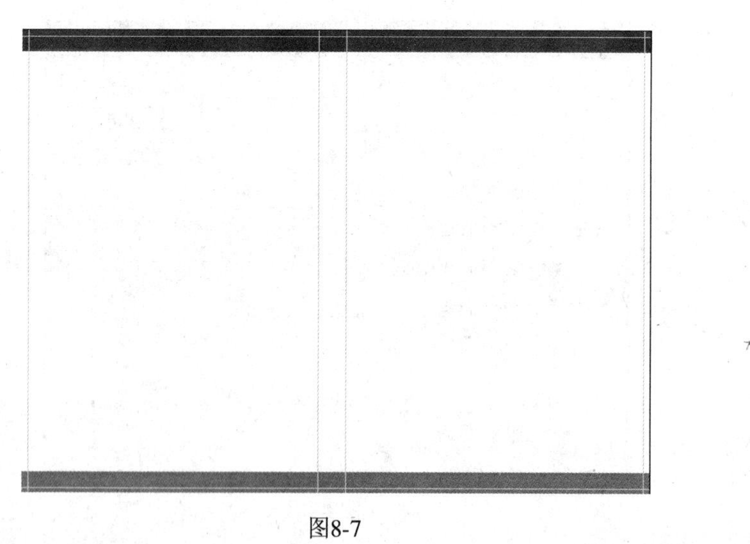

图8-7

**STEP 05** 选择工具箱中的“横排文字”工具，设置前景色为白色，在如图所示的位置输入相应的文字，如图 8-8、图 8-9 所示。

**STEP 06** 切换到素材图片文件夹中，打开名为“蔬菜”的素材，单击工具箱中的移动工具，将素材文件拖曳到文档中，缩放至合适大小，如图 8-10、图 8-11 所示。

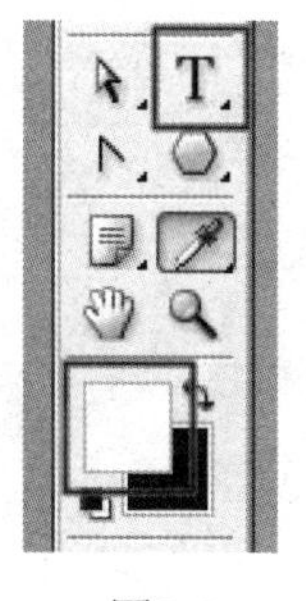

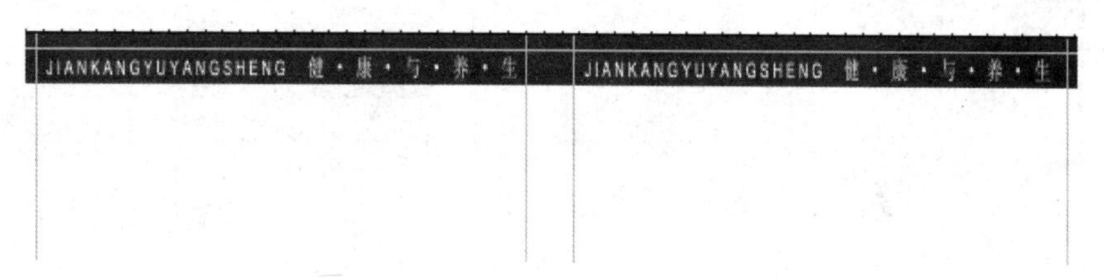


图8-8 图8-9

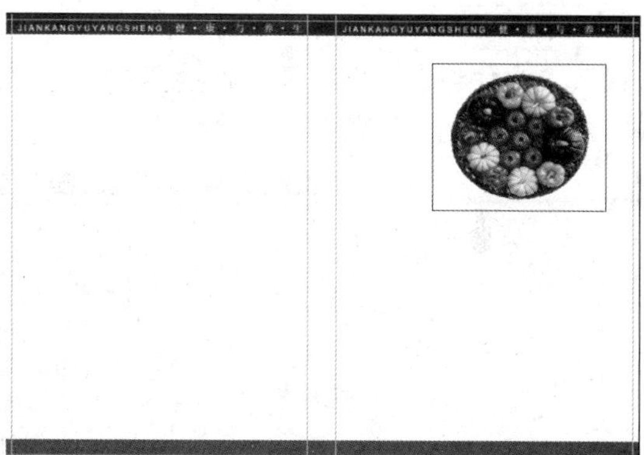

图8-10 图8-11

**STEP 07** 用上述方法在图层4、5、6层分别拖曳素材图片卷心菜1、蔬菜6、蔬菜2至图层中，如图8-12所示。

**STEP 08** 选择工具箱中的“横排文字”工具，在如图所示的位置输入“健康”、“与”、“养生”文字，并设置图层样式，如图8-13、图8-14、图8-15所示。

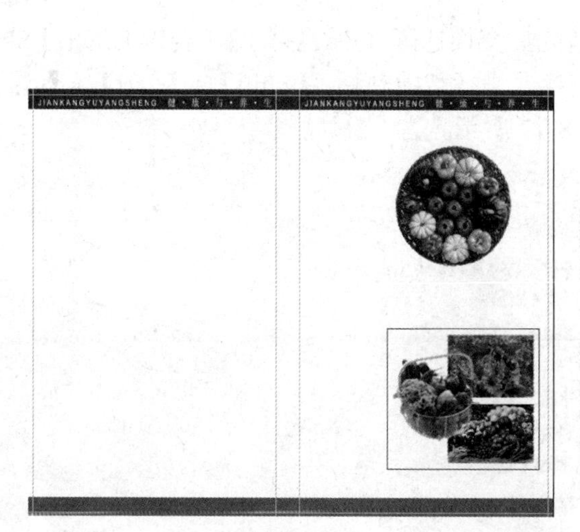

图8-12 图8-13

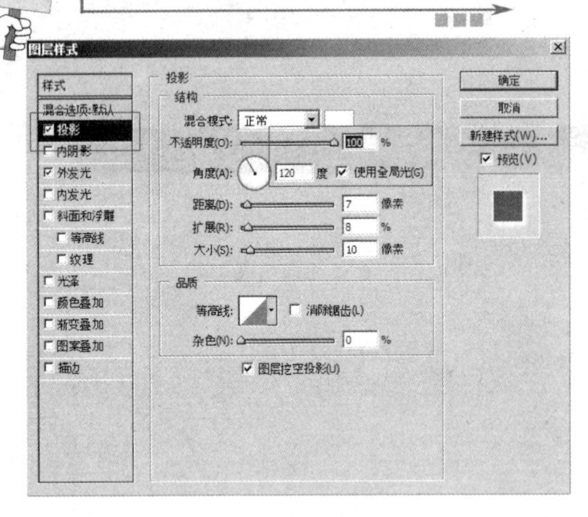


图8-14

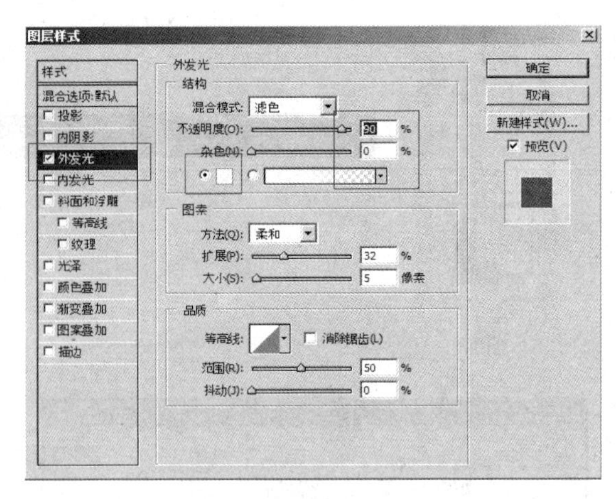


图8-15

**STEP 09** 选择工具箱中的“横排文字”工具，在图中输入“饮食与健康”、“教师健康饮食”、“饮食与食疗健康”、“趣谈养生”，设置文字字体为方正姚体，调整文字大小，添加图层样式为外发光，如图 8-16 所示。

图8-16

**STEP 10** 新建图层 7 使用“椭圆选框”工具，画一正圆并填充红色（【Ctrl】+【Del】组合键填充背景色），红色的正圆要先载入选区后变换选区（【Ctrl】+【T】组合键），按住【Shift】键向下移动到适当位置，单击回车键结束变换，进行智能粘贴（【Shift】+【Ctrl】+【Alt】+【T】组合键），向下粘贴并复制 7 次，如图 8-17 所示。

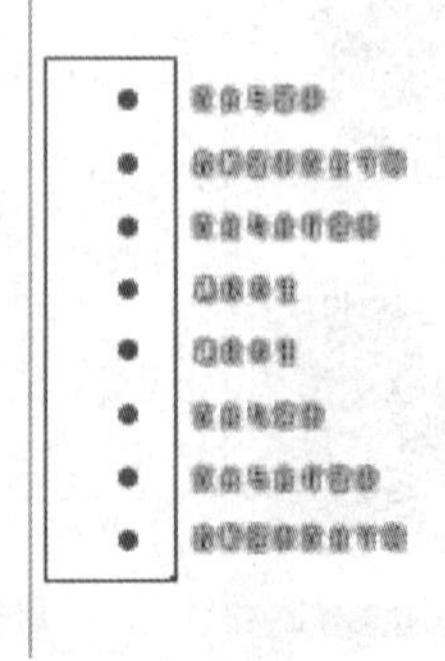

图8-17

**STEP 11** 选择工具箱中的“横排文字”工具，输入编著者名称，字体颜色设置为黑色，字体为宋体，如图 8-18 所示。

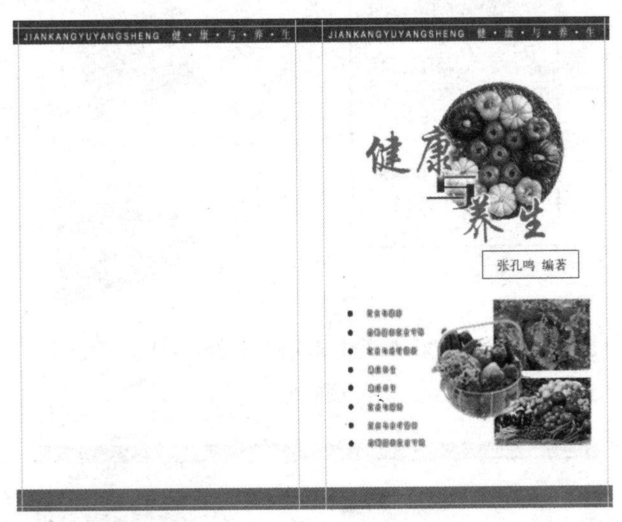


图8-18

**STEP 12** 使用“横排文字”工具，在图像底部输入出版社的名称，文字颜色为黑色，添加图层样式为外发光，如图 8-19 所示。

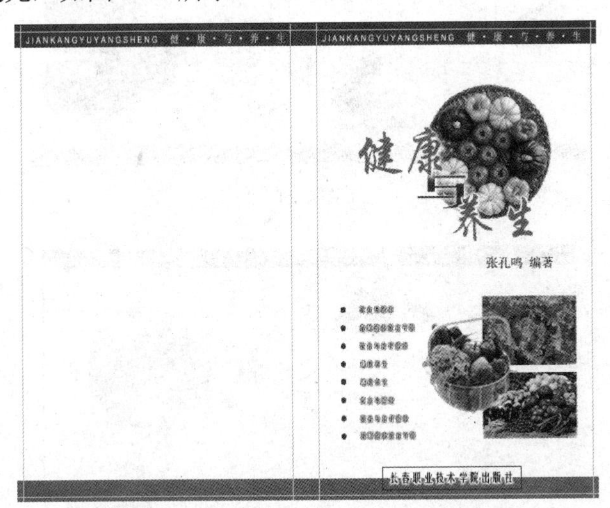


图8-19

**STEP 13** 选择工具箱中的“直排文字”工具，在书脊上输入书名，设置“字符”面板，如图 8-20 所示。

**STEP 14** 切换到素材图片文件夹中，打开名为“蔬菜 3”、“水果”及“蔬菜 1”的素材，单击工具箱中的移动工具，将素材文件拖曳到文档中，缩放至合适大小，并调整相应图层位置，将图层 12 放置在图层 2 下方，整个图像效果如图 8-21 所示。

**STEP 15** 在工具箱中选中“横排文字”工具，在封底的左下方输入书籍的条形码和定价。选择工具箱中的“直线工具”，并单击工具栏中的“填充像素”按钮，在新建图层上绘制一横线，效果如图 8-22 所示。

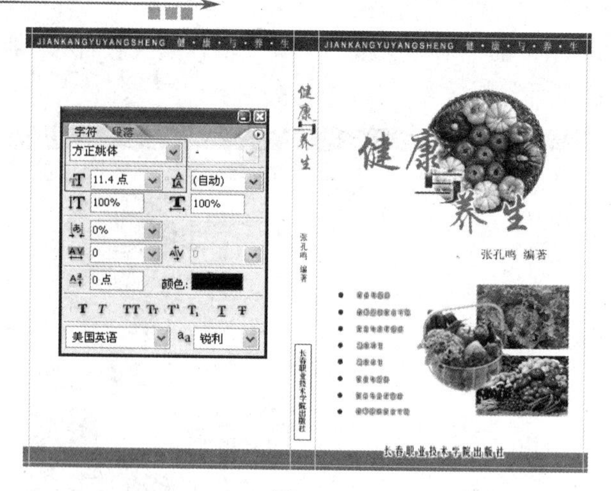


图8-20

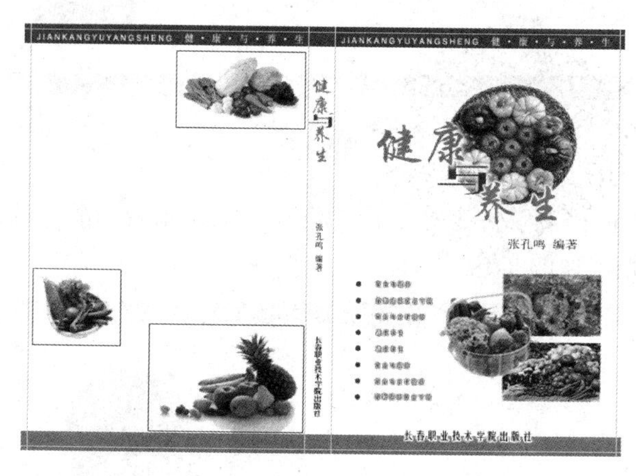


图8-21

图8-22

**STEP 16** 选择工具箱中的“直排文字”工具，设置前景色为绿色，背景色为红色，在如图 8-23 所示的位置输入文字。分别调整图层的不透明度为 16%、25%、16%，将“与”字变形，如图 8-24 所示。使用减淡工具，调整文字的深浅度。

图8-23

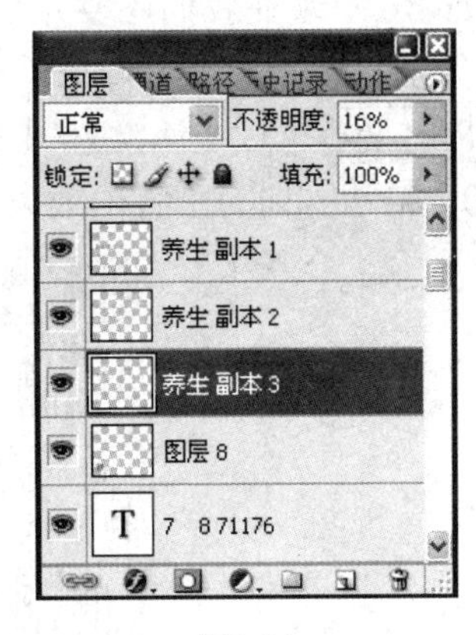


图8-24

**STEP 17** 最后使用“横排文字”工具，在封底的左上方输入书籍的责任编辑和封面设计人员，效果如图 8-25 所示。

图8-25

**STEP 18** 用上面的素材又做了几个不同的样式，供大家欣赏，如图 8-26 所示。

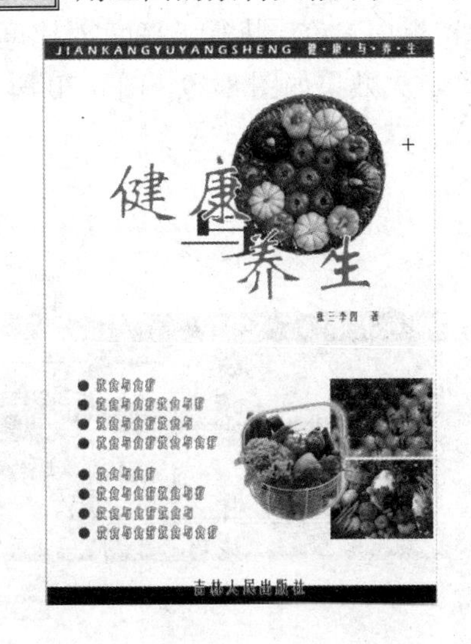

图8-26

**STEP 19** 现在我们还要介绍另一种制作条形码的方法。新建大小为 240×160 像素的文件，设置前景色为黑色，背景色为白色，然后把背景填充黑色。

**STEP 20** 执行【滤镜】/【素描】/【绘图笔】命令，参数设置：线条度为 15，明/暗平衡为 40，描边方向为垂直，效果如图 8-27 所示。

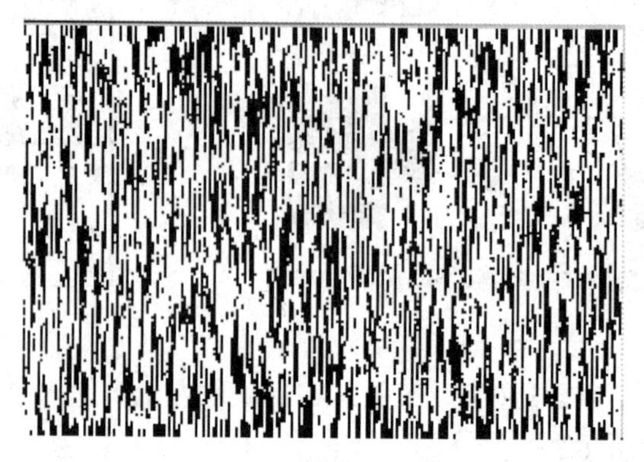

图8-27

**STEP 21** 执行图像菜单中的图像大小命令，参数设置：图像的高度为 1px，宽度不变，完成后放大效果如图 8-28 所示。

图8-28

**STEP 22** 由于图像存在灰度等级，使其只保留黑白二色。执行【亮度/对比度】调整命令，参数设置：对比度为＋100，亮度为 0，完成后放大效果如图 8-29、图 8-30 所示。

图8-29

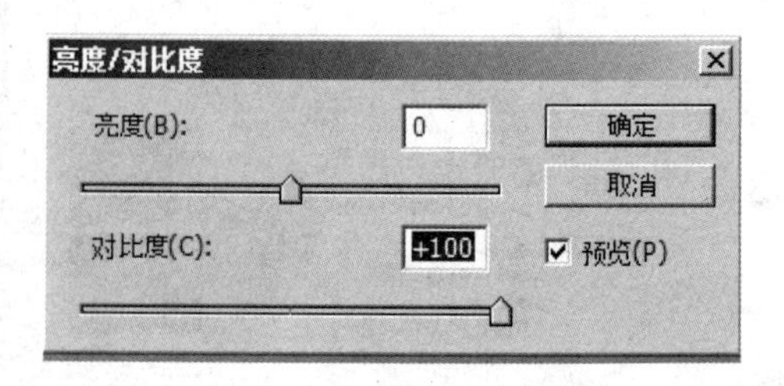


图8-30

**STEP 23** 接下来将该图像定义为图案，再新建大小为 240×160 像素的文件，用定义图案进行填充，完成后效果如图 8-31 所示。

图8-31

**STEP 24** 可再做一些修饰，添加圆角矩形、数字和阴影效果等，这里我们不再介绍，条形码效果如图 8-32 所示。

图8-32

## 任务二：立体效果设计

《健康与养生》书籍立体效果设计如图 8-33 所示。

图8-33

**STEP 01** 新建一个文件，文件名为“立体图书”，各项参数设置如图 8-34 所示。

新建
名称(N): 立体图书
预设(P): 自定
宽度(W): 296 毫米
高度(H): 236 毫米
分辨率(R): 100 像素/英寸
颜色模式(M): CMYK 颜色 8 位
背景内容(C): 白色
高级
颜色配置文件(O): 工作中的 CMYK: Japan Color ...
像素长宽比(X): 方形
确定
取消
存储预设(S)...
删除预设(D)...
图像大小:
4.13M

图8-34

**STEP 02** 选择文件菜单下的置入，选择图片文件夹下的木纹，置入确定。按住【Shift】+【Alt】组合键从中心等比例放大，但两侧还少了些，这时我们就只按住【Alt】键，拖动左右两侧的方块就会水平方向撑满，如图 8-35、图 8-36、图 8-37、图 8-38 所示。（大家要注意的是这里我们用的是置入文件命令，图片置入之后，会发现图层中有一个与其他图层不同的标记，鼠标左键双击这个标记就会打开原始的素材片。）

Adobe Photoshop
文件(F) 编辑(E) 图像(I) 图层(L) 选择(S) 滤镜
新建(N)... Ctrl+N
打开(O)... Ctrl+O
浏览(B)... Alt+Ctrl+O
打开为(A)... Alt+Shift+Ctrl+O
最近打开文件(R)
在 ImageReady 中编辑(D) Shift+Ctrl+M
关闭(C) Ctrl+W
关闭全部 Alt+Ctrl+W
关闭并跳转到 Bridge... Shift+Ctrl+W
存储(S) Ctrl+S
存储为(V)... Shift+Ctrl+S
Save a Version...
存储为 Web 所用格式(W)... Alt+Shift+Ctrl+S
恢复(T) F12
置入(L)...
导入(M)
导出(E)
自动(U)
脚本(K)
文件简介(F)... Alt+Shift+Ctrl+I
页面设置(G)... Shift+Ctrl+P
打印预览(H)... Alt+Ctrl+P
打印(P)... Ctrl+P
打印一份(Y) Alt+Shift+Ctrl+P
Print Online...
跳转到(J)
退出(X) Ctrl+Q

图8-35

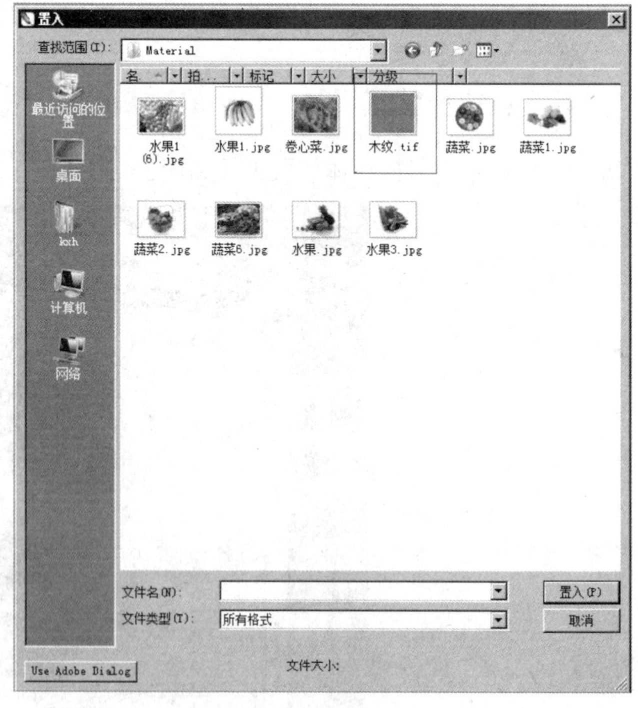


图8-36

**STEP 03** 将图书的书脊侧面合并图层，移至到当前文件“立体图书”中，并按【Ctrl】+【T】组合键，进行自由变换，如图 8-39 所示。

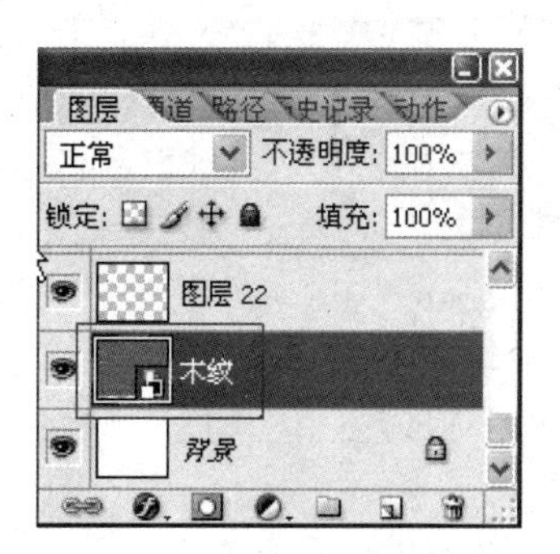


图8-37

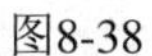

图8-38

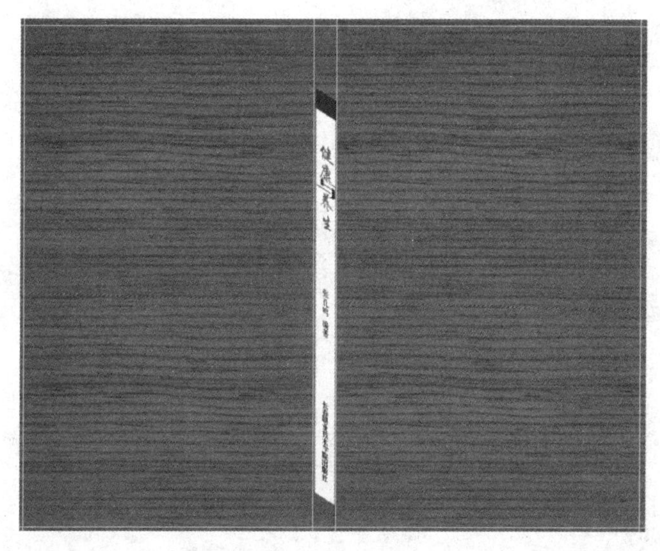

图8-39

**STEP 04** 将“图书的正面”合并图层，移至当前文件“立体图书”中，按【Ctrl】+【T】组合键，进行自由变换，如图 8-40 所示。（“图书的正面”图在没有进行自由变换的时候要先载入选区，同时新建一层，给选区描边，将右上方垂直的线一部分减淡颜色，如图 8-41 所示。）

图8-40

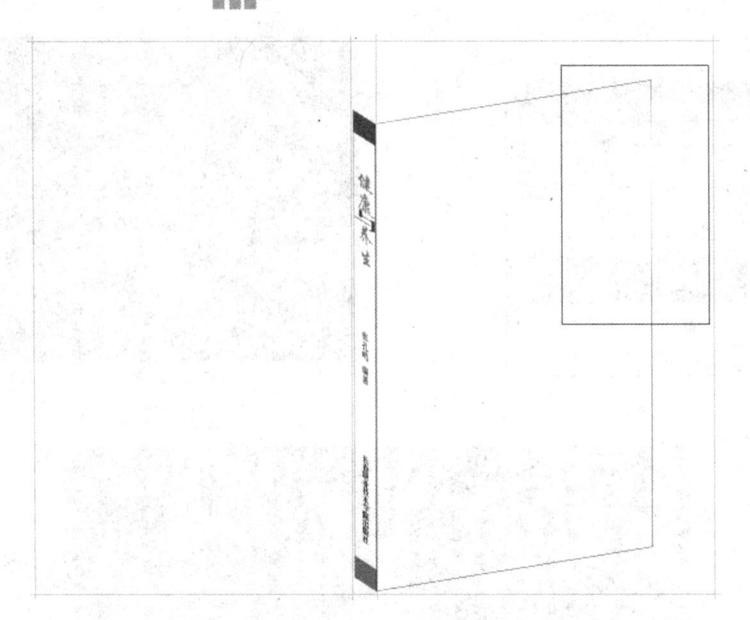

图8-41

**STEP 05** 新建图层 7，绘制一个矩形，填充浅灰色，并利用自由变换方式制作书籍的顶部，图层的位置关系如图 8-42 所示。

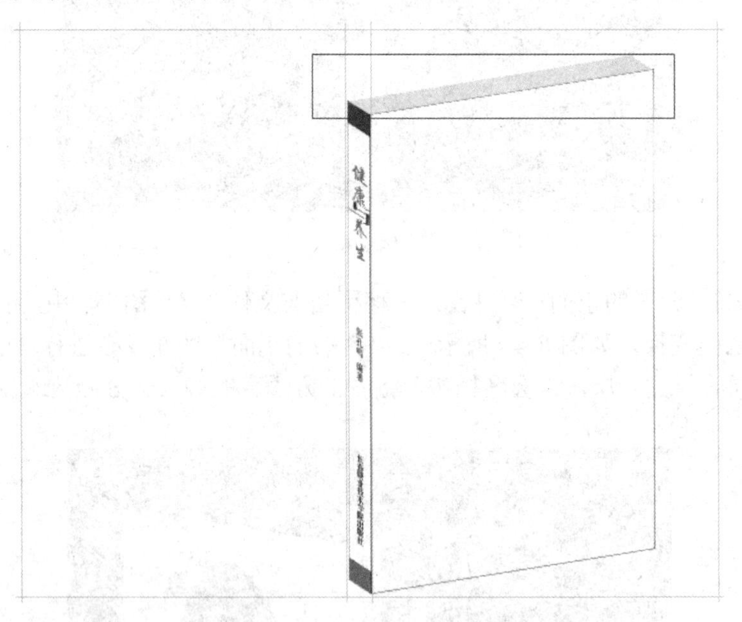

图8-42

**STEP 06** 按住【Ctrl】键将书籍的正面、侧面、顶部及边框线选取，并链接及合并链接的图层，以此类推，使用移动工具移动到适当的位置，调整图层的顺序，完成立体图书效果的制作，如图 8-43 所示。

**STEP 07** 欣赏图书摆放的不同样式，如图 8-44 至图 8-47 所示。

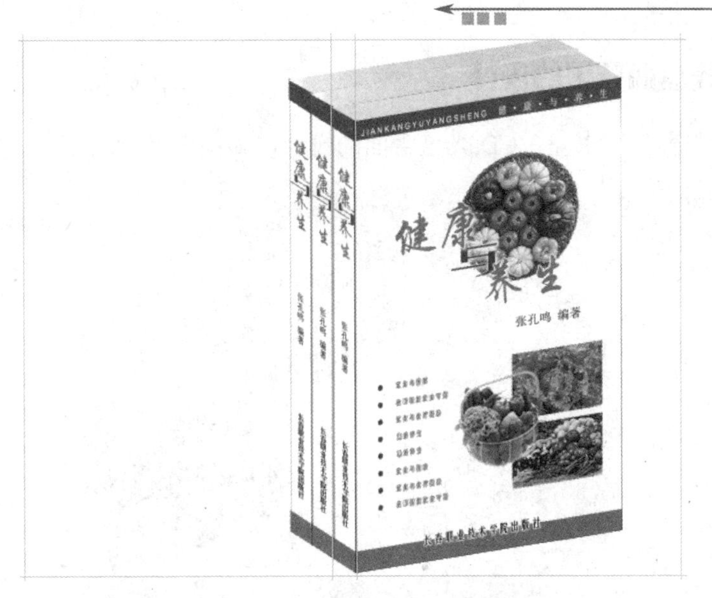


图8-43

图8-44

图8-45

图8-46

图8-47

## 任务三：光盘面效果的设计

制作《健康与养生》书籍 VCD 光盘盘面的设计，如图 8-48 所示。

图8-48

**STEP 01** 按【Ctrl】+【N】组合键，新建一个页面，在属性栏【纸张宽度和高度】选项中分别设置宽度为 12cm，高度为 12cm，如图 8-49 所示，按【Enter】键，页面尺寸显示为设置的大小。

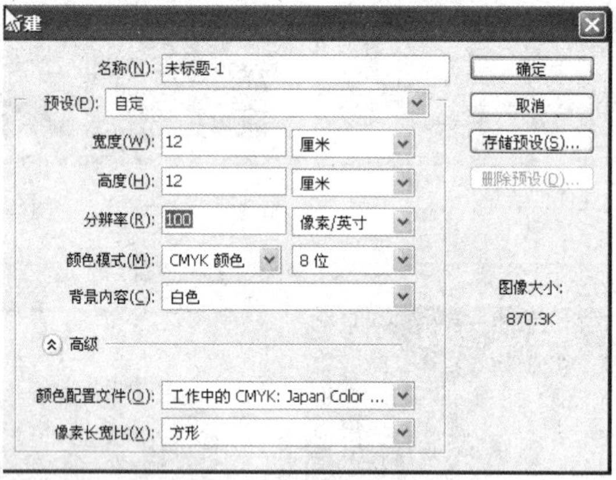

图8-49

**STEP 02** 选择椭圆工具，按住【Ctrl】键，在页面绘制一个圆形，在属性栏中【对象大小】选项中设置圆的直径是 120mm，设置好后，按【Enter】键，圆形如图 8-50 所示。执行菜单【排列】/【对齐和分布】/【对齐和属性】命令，弹出【对齐与分布】对话框，在对话框中进行设置，如图 8-51 所示，单击“应用”按钮。

**STEP 03** 按【Ctrl】+【N】组合键，弹出【卷心菜 1】对话框，选择光盘中的“素材”/“卷心菜 1”的文件，单击在页面中导入图片命令，拖曳图片到图形上并调整其大小，如图 8-52、图 8-53 所示。

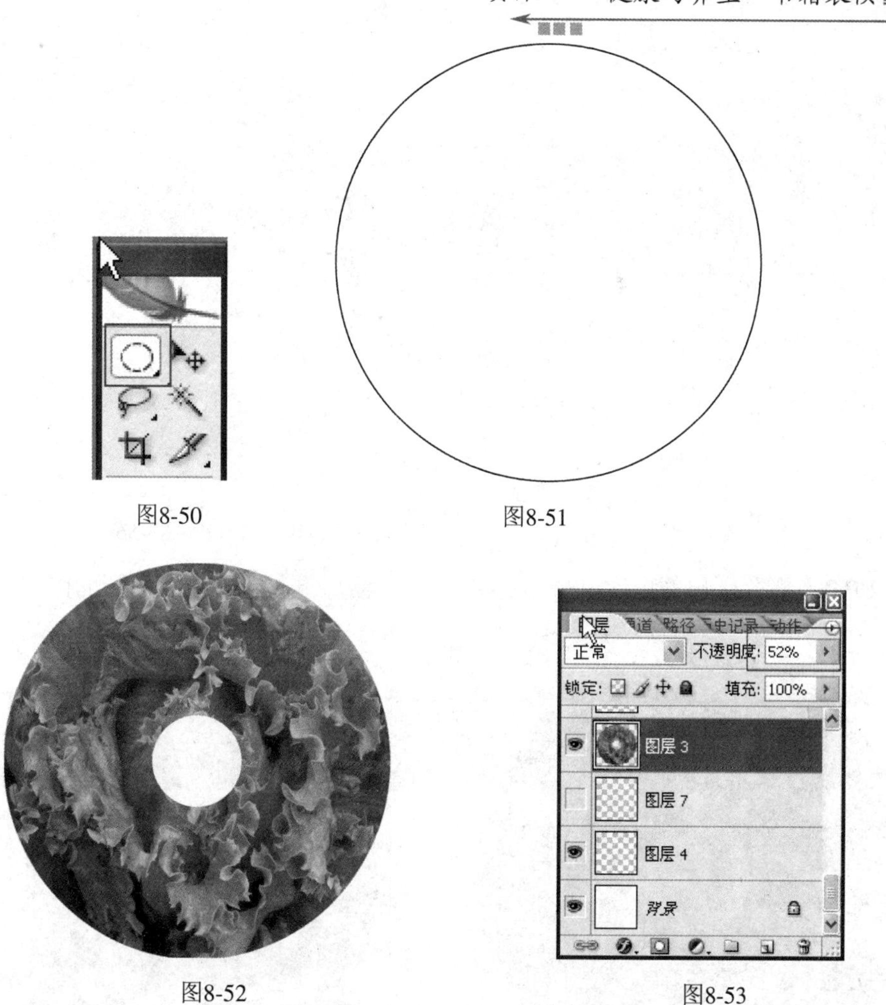


图8-50　　图8-51

图8-52　　图8-53

**STEP 04** 在图层居中的位置各拖出 1 条水平和 1 条垂直的参考线，如图 8-54 所示。

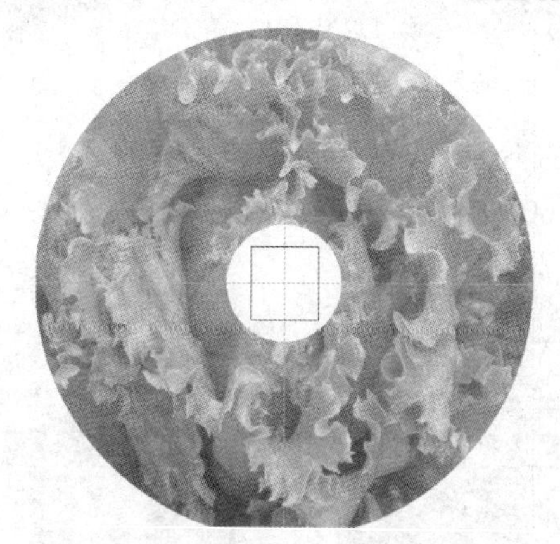

图8-54

**STEP 05** 使用“椭圆选框”工具，在十字交叉的位置拖出一个圆，鼠标不要松开同时按住【Alt】+【Shift】组合键，这样就能保证此圆的圆心在十字交叉处并且这个圆是正圆，如图 8-55 所示。我们是想得到一个圆环的效果，那么要从中减去多余的部分，就需要先按【Alt】键然后拖动鼠标从十字交叉的位置画圆，松开【Alt】键再按下【Alt】+【Shift】组合键即可从原来的大圆中减去一部分，重新得到一个新的选区，如图 8-56 所示。

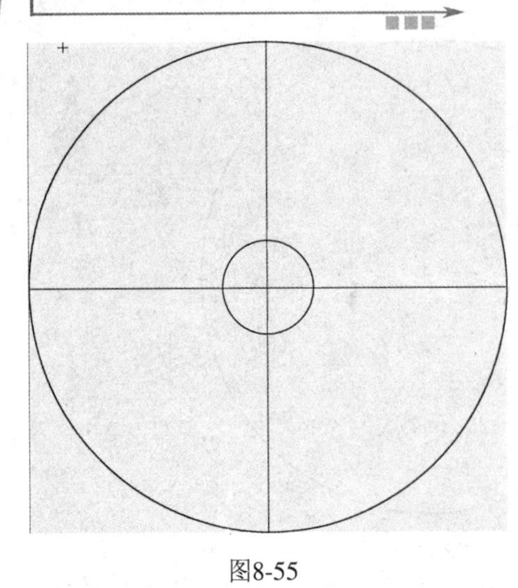

图8-55

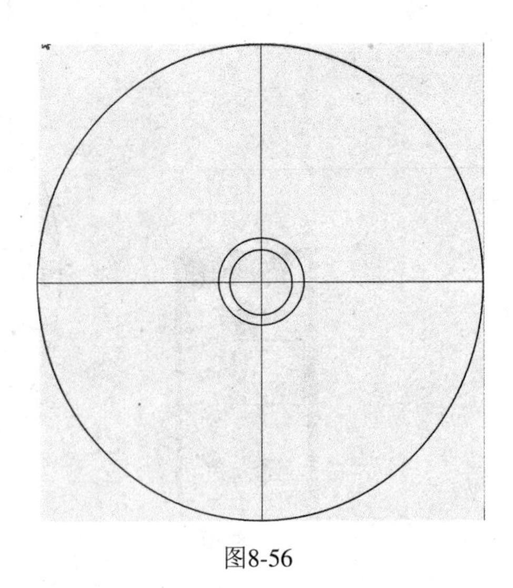

图8-56

**STEP 06** 删除圆环的内容，如图 5-57 所示，然后再次删除中心小圆的内容，如图 8-58 所示。

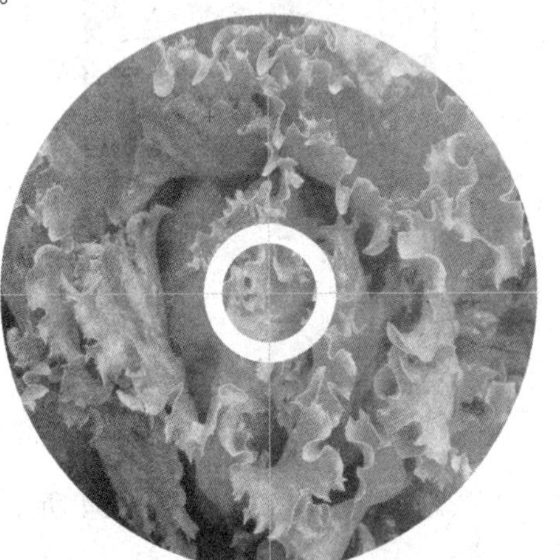

图8-57

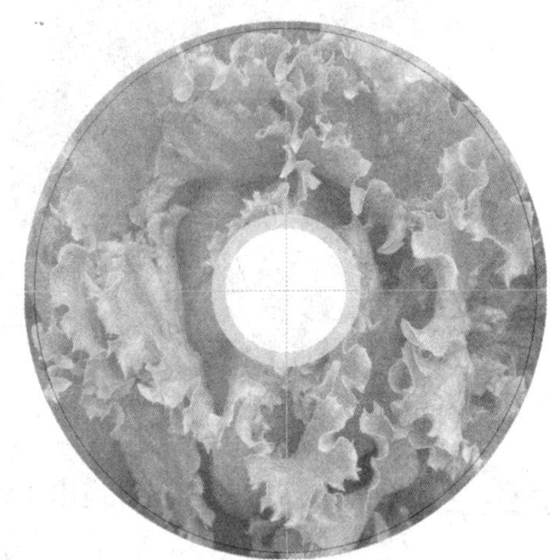

图8-58

**STEP 07** 把素材图片的不透明度改为 55%，根据前一步的操作，制作出光盘外环与内环的效果，如图 8-59、图 8-60 所示。

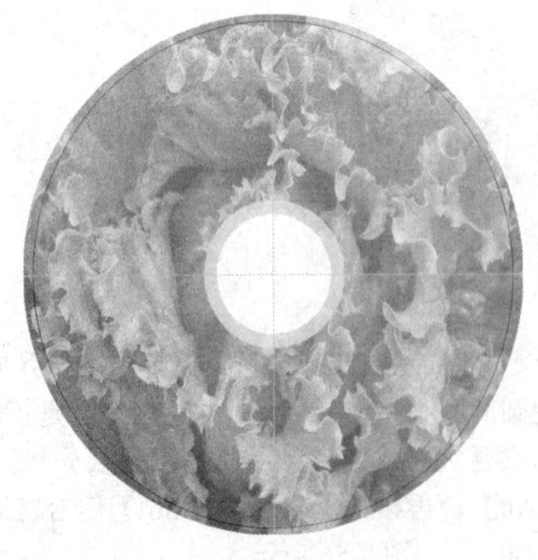

图8-59

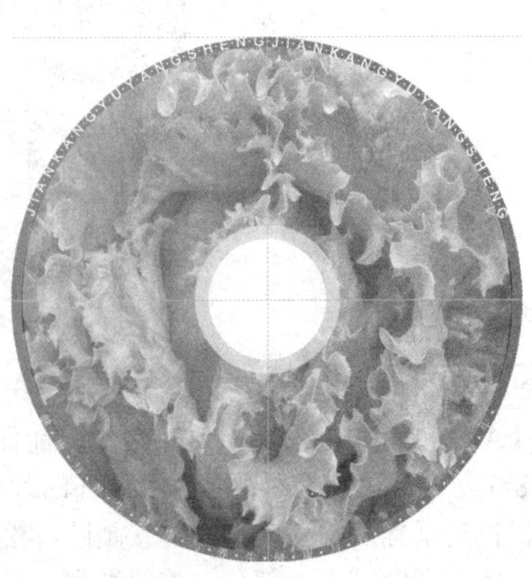


图8-60

**STEP 08** 使用文字工具，选择字体为华文行楷，输入“健康养生”，图层样式为“投影”与“外发光”，如图 8-61 所示。

图8-61

**STEP 09** 输入“与”字将其变形，如图 8-62 所示。

图8-62

**STEP 10** 导入素材文件“水果”并将其放在合适的位置，如图 8-63 所示。

图8-63

**STEP 11** 输入相关的文字及条码，光盘面的设计效果完成，如图 8-64 所示。

图8-64

**STEP 12** 欣赏不同的光盘面设计效果，如图 8-65、图 8-66 所示。

图8-65

图8-66

## 任务四：光盘套（袋）设计

光盘套效果图如图 8-67 所示。

非卖品
健康
养生
粘
粘
处
粘
粘
处
长春职业技术学院出版社
http://www.cvit.com.cn

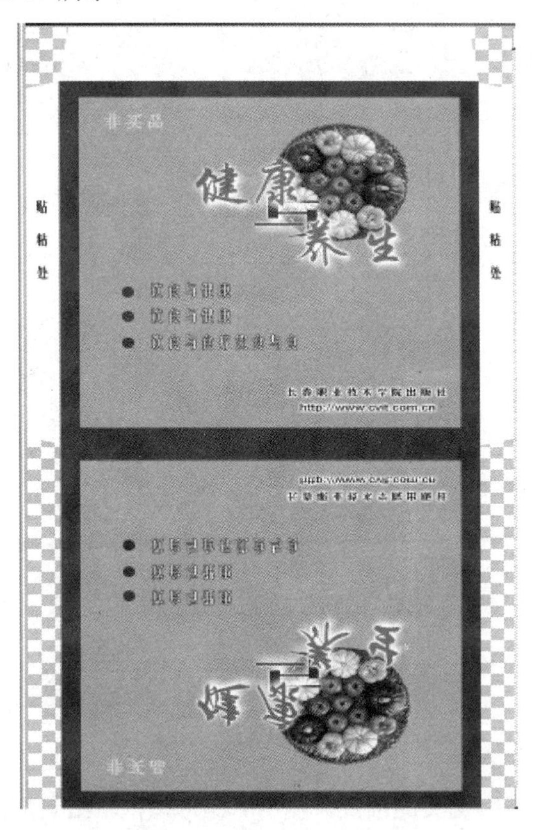

图8-67

**STEP 01** 按【Ctrl】+【N】组合键，新建文件，在属性栏【纸张宽度和高度】选项中分别设置宽度为 14.5cm，高度为 28cm，分辨率为 100 像素/英寸，如图 8-68 所示。

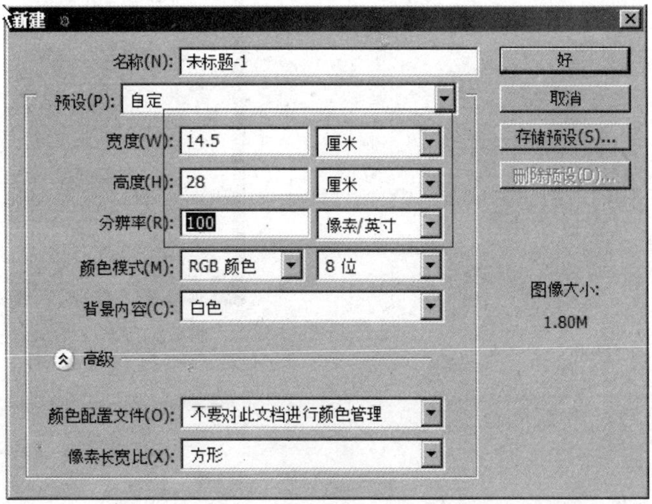

新建
名称(N): 未标题-1
预设(P): 自定
宽度(W): 14.5 厘米
高度(H): 28 厘米
分辨率(R): 100 像素/英寸
颜色模式(M): RGB 颜色 8 位
背景内容(C): 白色
高级
颜色配置文件(O): 不要对此文档进行颜色管理
像素长宽比(X): 方形
好
取消
存储预设(S)...
删除预设(D)...
图像大小:
1.80M

图8-68

**STEP 02** 使用移动工具，分别在 1cm 和 13.5cm 处拖出垂直参考线，在 3cm 和 14.5cm

处拖出水平参考线，如图 8-69 所示。

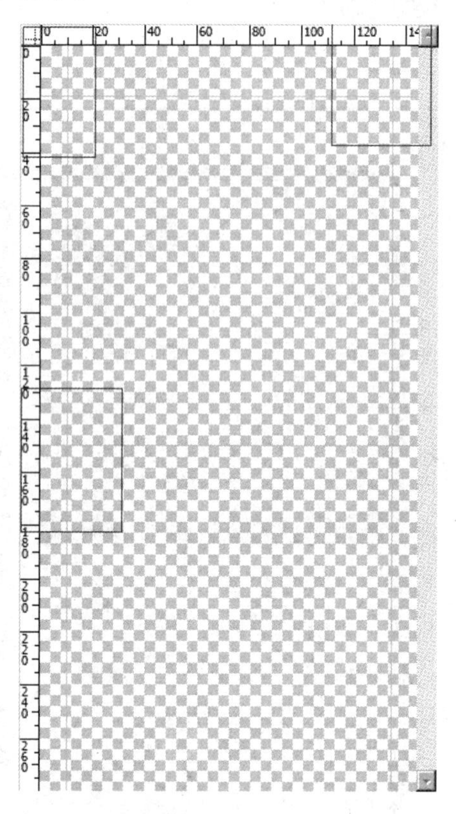

图8-69

**STEP 03** 在左上角十字交叉的位置，使用“矩形选框”工具拖出一个矩形并填充颜色，如图 8-70、图 8-71 所示。

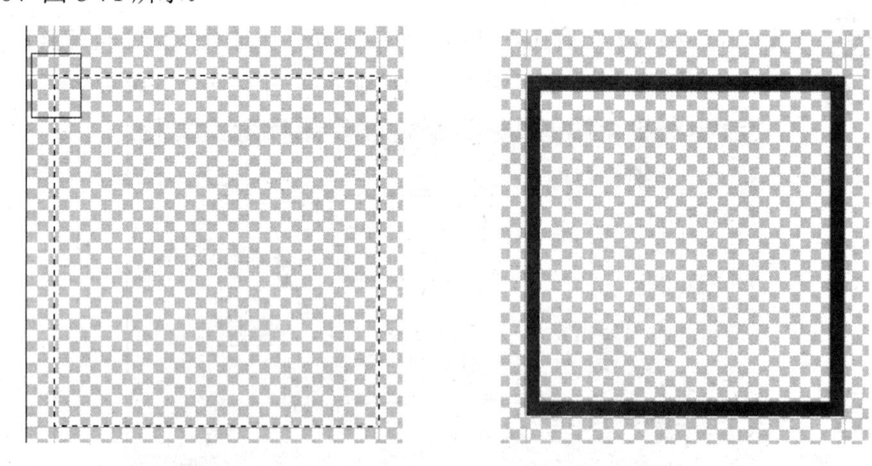

图8-70　　图8-71

**STEP 04** 将光盘的前后面填充颜色，如图 8-72 所示。

图8-72

**STEP 05** 将光盘套（袋）的封面与粘贴连接处，使用“矩形”工具画一矩形，在有选区的情况下，单击鼠标右键，弹出快捷菜单，选择变换选区，选择【透视变化】，调整好大小，填充白色即可（这里在填充白色的时候我们还可用另一个快捷方式填充，【Ctrl】+【Alt】+【backspace】组合键（或←）能填充白色，这个白色是默认的，在前/背景均不是白色的时候，也能填充上白色），其他两个对象也是相同的操作，并输入相应内容，如图 8-73、图 8-74、图 8-75 所示。

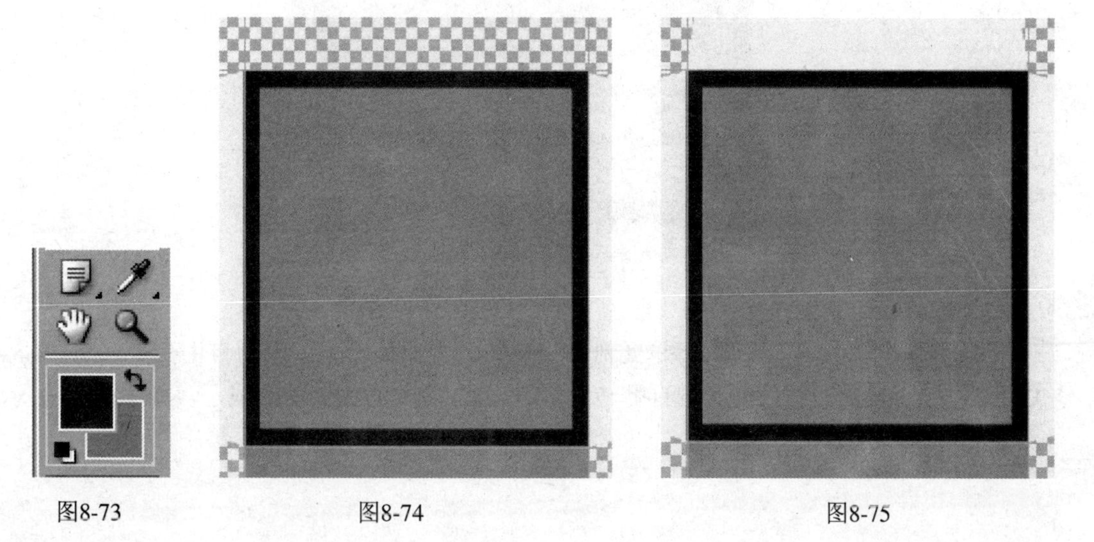

图8-73　　图8-74　　图8-75

**STEP 06** 使用“文字”工具输入相应的文字，如图 8-76 所示。

**STEP 07** 将素材“水果 1”的图片打开，选取白色，然后反选（【Ctrl】+【Shift】+【I】组合键），使用移动工具将图片移到相应的位置上，如图 8-77 所示。

图8-76

图8-77

**STEP 08** 输入书名按前面封皮的样式录入文字及图层样式，如图 8-78 所示。

图8-78

**STEP 09** 将几个图层链接，并复制合并图层。选择编辑菜单中的自由变换，将中心点移至下方，单击鼠标右键选择【垂直翻转】，光盘套（袋）的效果图完成了，如图 8-79 所示。

图8-79

## 相关设计欣赏

请欣赏，如图 8-80 至图 8-82 所示。

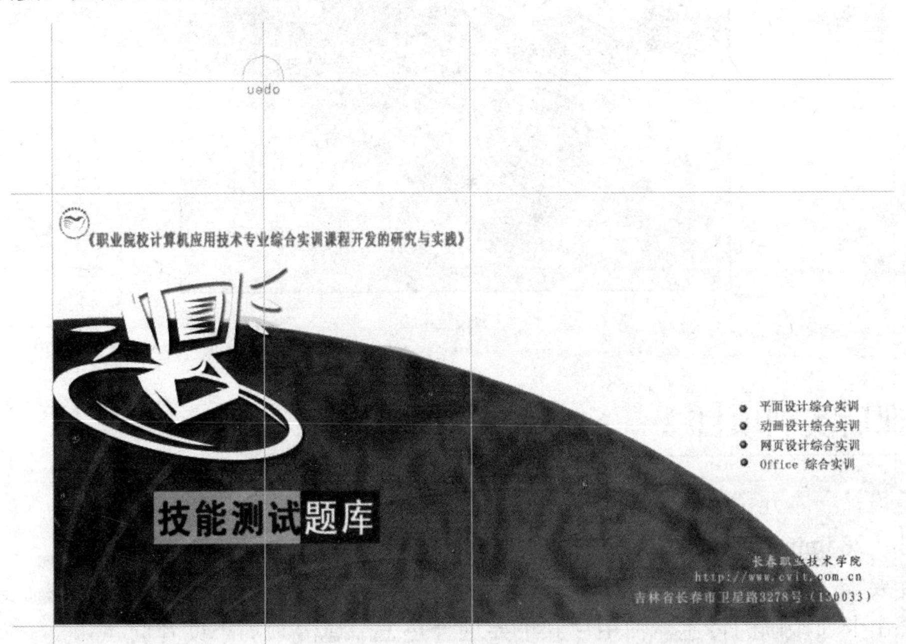


图8-80

图8-81

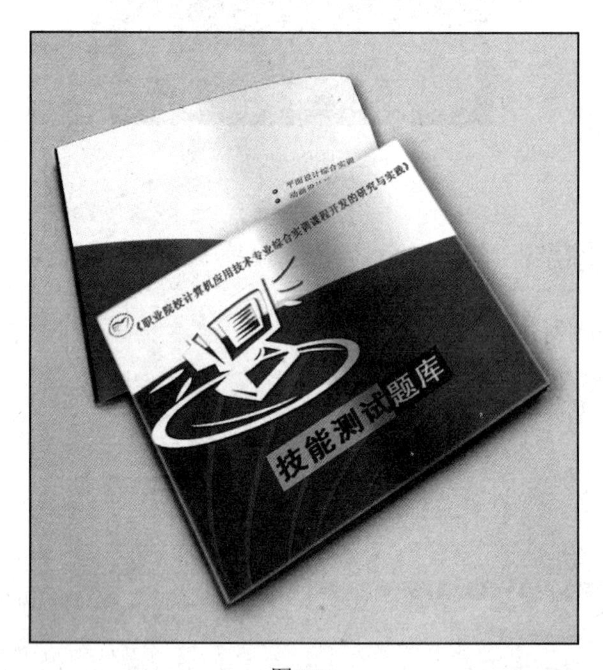


图8-82

## 课后实训项目

试着设计一本儿童卡通漫画类的图书封面。

尺寸：285mm×210mm（含出血）。

设计要求：图书内容主要是卡通漫画，所以设计封面要以卡通漫画图片为主，文字的设计也要突出卡通漫画的特色，使用色彩也要迎合热爱卡通漫画的小读者们。

# “南岸小筑”楼盘
# 宣传系列广告策划及制作

# 项目九 “南岸小筑”楼盘宣传系列广告策划及制作

## 任务引入

老师：同学们，如果哪一天你突然有钱了，会想做点什么事呀？

学生：买个漂亮舒适的房子，买辆向往已久的汽车，再投资一项喜欢的事业……

老师：呵呵，想法还不少。我就猜到一定会有人提到买房子。那么假设现在你就有钱了，你打算买什么样的房子呢？

学生：哦，太突然了！这还不好说，得到开发的地方亲自看看，要些地产广告认真比较一下 ，看哪个更符合自己的需要呗！

老师：是呀，一提到房子，我们就会想到广告，无论大街小巷，电视报纸还是杂志，只要我们观察，到处都有关于地产的广告，而且我们会发现地产的广告设计制作的质量都很高。那么怎样能设计制作出高质量的地产广告呢，下面我们就来一起学习一下有关楼盘宣传系列广告的设计流程和制作技巧吧！

## 任务实施

### 地产广告策划分析

近年来我国房地产业的发展势头越来越迅猛，房地产行业已经成为市场最受人瞩目的行业之一，行业间的竞争也越发激烈。为了能使自己的企业在市场内占有一席之地，并获取利润使企业有进一步的发展，开发商们纷纷开始意识到房地产营销策划的重要性，该行业广告投放量也成为商业广告翘首。楼盘广告的策划是整个营销策划中重要的一部分，准确的策略，优秀的创意，专业的设计，确实可以帮企业建立品牌和提升品牌价值。因此有经验的开发商们在此方面一般是比较肯于投资，这也给我们平面设计人员提供了一定的就业机会。

一个新的楼盘的广告策划工作一般可以分为前、中、后三个时期，每一个过程与环节都很重要。一个楼盘想要搞得成功，必须具备全局性的营销战略与战术分析，进行所谓“整体营销”。系列广告的宣传是整体营销策划中不可忽视的一个部分。

一般广告公司接收地产广告业务的流程是：**业务洽谈→市场调研→策划美工→签约→设计制作→制版→分头施工→登记验收→结算→后期维护**等。这些流程中诸如业务洽谈、签约、结算等过程都会有专人去执行。我们单从设计师的角度来分析这个流程，基本可以把它分为这么几个环节：客户需求分析、前期准备、方案策划、设计阶段等。

#### 1. 客户需求分析

这是最为重要的一步，双方都在选择，有的公司会为此专门抽人出来做这一步。专业和效率是第一步的关键词，而不是什么价格、关系等，没有专业，都是空谈。充分了解客户需求，客户要先在企业自身内部形成统一的意见，明确需要设计的项目、设计的要求和项目预算，指定项目的负责人，协调好相关的资料收集工作。

**2. 前期准备**

这一步最重要的是签合同。没有合同绝对不要开始设计，那样的设计是没有价值的，客户也不会把你放在眼里。因此原则是关键词，价格和首期款甚至都可以谈，但款是一定要先收的。如果这些已经完成了，那么作为设计师可以着手为设计做准备了。对企业背景、产品背景、目标市场环境、竞争企业和竞争产品进行初步分析，客户可以利用自身的行业优势，收集尽可能多的背景资料，以便于我们对设计项目进行系统的专业分析，如企业 VI 系统的基本元素(标志、专用字体、专用色系等)；文字资料(手写稿、打印稿或 Word 等电子文件)；图片资料（照片、反转片、印刷品、电子图片）等。

**3. 方案策划**

在策划之前，要向客户介绍此类项目的常见设计风格以供参考，广告公司可以向客户提供项目相关的实际案例，以便于客户进行风格和形式的筛选。了解客户预算以便在设计时采用适当的印刷工艺和材质，预算的多少对设计方案最终是否能够顺利执行有很大的影响，好的方案如果没有预算的支持，只会浪费双方的时间和精力，所以应尽可能在项目开始前就确定好大致的预算。提出初步的设计解决方案在与客户充分的沟通后，根据掌握的资料，经过内部分析，向客户提出初步的解决方案，并取得客户的认可。

**4. 设计阶段**

策划方案一旦确定，执行是这一步的重点，所有的工作都必须为此事提前和优先进行，服务时间上要占得主动。在此阶段我们把设计任务分解，设计师依次来完成设计初稿，内部初审并进行修改，然后客户审稿、提出修改意见并书面签字。公司要召开内部会议对客户提出的修改意见进行分析，与客户沟通后形成最终修改方案。有时客户和设计师的想法会有分歧，这时双方需要进行良好的沟通，达成共识，形成最终的意见，然后定稿。

## 楼盘广告策划方案

我们以“南岸小筑”楼盘宣传系列地产广告的策划及制作为例来使解析一下地产广告的基本流程。

首先确定了这是一个住宅小区品牌策划，另外此楼盘标志、名称以及标准字体都没有，客户只提供了部分楼盘楼体外型图设计图片，所以客户要求不但要完成系列宣传广告，而且包括楼盘名称及品牌打造均由广告公司出整体策划方案。

公司策划方案如下。

**1. 我们需要什么样的主题形象**

楼盘推广，应该有一个鲜明的主题形象，这样个性突出，容易引来市场的关注，促进销售的成功。吉林市房地产已经初露品质端倪，地产开发商各出奇招使得地产舞台异彩纷呈。“南岸小筑”怎样表现自己呢？卖楼，不仅卖给消费者一个居住空间，还应“附赠”一种新的生活方式，一种对美好生活全新的诠释。这是我们思考的着力点。

“都市呼唤自然”。

都市生活从大自然进入林立的水泥森林之中。车水马龙穿梭在缺乏柔美的钢筋结构里，失去了绿色，失去了沟通。假若，有户人家透过半掩的玻璃窗，惬意地享受着户外的盎然绿意；假若，身在家中，可以感受到居城市中心享自然山水的惬意，轻松地沐浴着都市文明中积极的人文，是否是繁华城市中品质人居呢？

这样的时代，这样的都市，这样的人家，都将是“南岸小筑”给业主营造的天堂，把自然、人文融合在一起，精心缔造一处生态家园，是我们所要阐述的思想与理念。所以，我们选择“**生态时代，品质尚居**”作为项目推广的主题。以“首席生态型品质尚居”作为项目的总体定位。

**2. 本案目标人群的定位**

（1）都市白领一族。

文化：程度较高

年龄层次：26～40 岁。

经济状况：中高收入阶层，有一定积蓄，具备本项目购买能力。

购房动机：一次置业或者追求品质生活的二次置业。

购买习惯：理性，有主见，追求品质生活。

分布区域：市直机关、事业单位的工作人员，老城中想改善住宅条件且有较强经济基础者（看中江南上水的居住及商业环境）。

分析以上人群特点，在广告策略上，强化主题形象，丰富文化内涵，针对诉求对象的细分，有的放矢地展开诉求。

（2）周边乡镇进城者。

文化程度：一般。

年龄层次：23～45 岁。

经济状况：实力雄厚，购买力强。

购房动机：换房，告别过去生活方式；二次以上置业，有投资倾向；年轻一辈安家需要。

针对这一群体，突出现代社区的高尚性，是未来生活的方向，引起他们的向往，促成购买行动。

**3. 自我评价**

自身优势：

（1）未来城市中心，极具升值潜力；

（2）毗邻松花江，坐拥千米水岸绿色生态规划区；

（3）交通方便，距传统商业中心仅 1.5 千米；

（4）周边近距离内就是一些市直企事业单位。

自身劣势：周边商业配套尚未同步跟进。

本着扬长避短的原则，在“生态”主题统筹之下，将优势宣传、张扬出来。靠广告的有效诉求，导示系统的有效吸引，促销活动的推动，吸引客户到项目现场。

**4. 广告策略**

（1）广告主题：以生态为主题，突出自身个性，推广名定为“生态时代，品质尚居”。

（2）主广告语：开启生态居住时代，打造人文社区。

把生态主题突出张扬出来，喻示在生态时代里自然无处不在，给予人们的是全新的、自然的居住感受。

辅助广告语：新城市中心 新居住主义；山水收藏·家。

（3）广告主题的分部演绎：

① 把家安在江岸去……………………………未来生态理念；

② 家门口的绿色……………………………千米江岸的满目翠绿；

③ 景观与人文并举…………………………上风，上水，尚居。

（4）广告表现：体现较高的文化品位、自然典雅的清新风格、鸟语花香的生态氛围。

（5）广告手段运用：采用全方位、整合式、分阶段出击的广告手段，将广告、促销、包装、媒介等一切传播活动形成一个有机整体，争取最佳的广告效果。

（6）广告阶段的划分：

① 引导期（内部认购阶段）。此一阶段主要做形象广告，突出主题形象，让市场感受并接受“生态”居住的主题和追求品质生活的热情。

② 推广期（正式预售到封顶前）。这一阶段主要深化广告主题，突出江岸生活的悠悠自在。

③ 强销期（封顶至入伙前）。此一阶段以情感诉求为主，突出居家生活气氛，并视前一阶段广告效果做出相应调整。

④ 尾盘期（入伙后）。此一阶段强调卖点诉求，结合价格策略，促进尾盘销售。

### 5. 现场包装

现场包装，要极具个性化，只有个性鲜明，才能被广大受众记忆，进而接受。要突出个性，就要注意差异性包装与众多楼盘相区别。“个性化特色”和“差异性包装”是本项目现场包装的重要策略。

“南岸小筑”在深入分析和把握市场的基础上，确定了“生态时代，品质尚居”的主题。在现场包装的具体实施上，我们做如下考虑：

（1）售楼处。售楼处的外观强调视觉冲击，同时传递温馨轻松的气氛。室内的形象背景板、展板等主要体现生态居家感受，让客户感受到生活其间绿意环绕，惬意、舒适。

（2）户外广告。用色亮丽、鲜活，画面体现都市中的自然气氛，展示现代的“生态时代”。

（3）现场条幅。在建筑主体悬挂，整体风格与“生态”的主题相一致。

### 6. 售楼资料规划

（1）售楼书。售楼书是售楼资料的重中之重，本项目共有住宅 512 套，按 1:10 比例，规划为 5000 份。售楼书将把项目整体形象和各卖点荟萃其中。

售楼书文案如下。

**文案 1**

蓝天碧水，南岸小筑

喜欢蓝天

正如喜欢每一个阳光灿烂的日子

亲近碧水

却是因为那份最柔最美的沉醉

南岸小筑

给你在风景里生活的岁月

**文案 2**

阳光地带

蓝天下，阳光，游走在室内每一个角落

心，在每一片亮光里愈加开朗

鲜活，在明媚的空间里跳跃、歌唱

如此通透开扬的设计，留住阳光，吸纳清风，驱散阴霾

恰似穿越浮华，皈依安祥

**文案 3**

生活恍悟

当阳光掺入生活，成为调和惬意的角色

生活便回归享受

心，变得开阔起来，恍悟

在光影之中，是丝丝晴朗，如清风，恣意

在光影之外，是万般风情的窗台、窗纱，柔情、细腻

于是，琢磨生活的情调，不在身边时，却也不远

**文案 4**

亲水静心

清清爽爽的低层水色人家

将生活，如水墨染点在宣纸般，倒映在水中

以最独特的姿态，俯瞰着楼下一江碧水

亲纳水，最柔美绵长的性情

心，归于最清澈的状态

享受，平和如田园般的生活韵律

**文案 5**

从容岁月

从容不迫的日子

一切开始放缓节奏

在河堤上，缓步闲谈，嬉戏慢跑

将每一个春暖花开，秋色累累揉进水波，任它静静地流淌

从此，眷恋这涓涓碧水闪烁着绿树楼影的波光

（2）宣传折页：规划为 6000 份（6 个 P，3 折页），突出项目主题形象和主要卖点。

（3）DM 宣传单张：规划 20000 份，作大量派发，扩大宣传影响面，浓缩售楼书精华于其中。

（4）户型插页：考虑按每种户型 1:20 的比例规划。

（5）付款方式、购楼须知：这是必不可少的资料，规划为 8000 份。

（6）手提袋：手提袋方便客户带走售楼资料，同时又是流动的宣传媒体，规划 2500 个。

（7）高立柱广告牌：在繁华路段，高立柱上投放大幅宣传广告，增加宣传效应。

## 7. 媒体计划

（1）媒体分析。

（2）媒体选择。

① 选择原则。

- 目标原则：媒体选择保证与广告目标和广告策略相一致。
- 适应原则：媒体选择与客观环境相适应，适合目前所针对的广告市场。
- 优化原则：坚持从多数媒体的比较中产生媒体组合方案，坚持在单一媒体种类选择中进行优化组合。
- 同一原则：坚持媒体的选择必须有利于广告内容的表达。
- 效益原则：选择广告媒体时把广告效益放在首位。

② 项目分析。每个项目都有自己的特性，根据项目特性有针对性地确定媒体策略，选择组合媒体，以求制定出最适合本项目的方案，保证广告费用最合理的应用。文景苑项目与媒体策略有关的特性如下：

- 90 亩的大型项目，拥有 512 套住宅，需要较大市场消化量。
- 以中等面积户型为主，其中同类楼盘众多，竞争激烈，广告漫天飞舞。
- 目标客户分散，购买动机多样，易感媒体不一。

③ 确定媒体：

- 主力媒体的确定；
- 辅助媒体的确定。

（3）组合运用。

① 引导期；

② 开盘强销期；

③ 持续热销期；

④ 尾盘期。

## 设计任务描述

根据本楼盘的建筑结构多样性，包括别墅区和高层结构的较大户型以及小户型的特点，因此面向的受众是不同的，所以设计之初确定了两种风格的设计方案。

方案一：面向城区内较有经济基础欲改善住房环境的都市人，以宣传楼盘得天独厚的地域特点、建筑风格为主。

方案二：面向年轻的白领一族，即将告别单身的时尚主义者。

以下对本项目中几个基本任务加以描述，分别涉及两种风格的一部分广告。

### 任务一：“南岸小筑”标识设计

标识效果如图 9-1 所示。

（1）标识中所用“南岸小筑”文字，系采用纸介质手写后，扫描或用数码相机拍摄采集到计算机中，再用 Photoshop 软件处理后获得，如图 9-2 所示。

（2）标识中图形部分是利用 CorelDRAW 软件绘制实现的。

（3）图形中色彩运用，要鲜明而不刺眼，要体现时尚韵味。

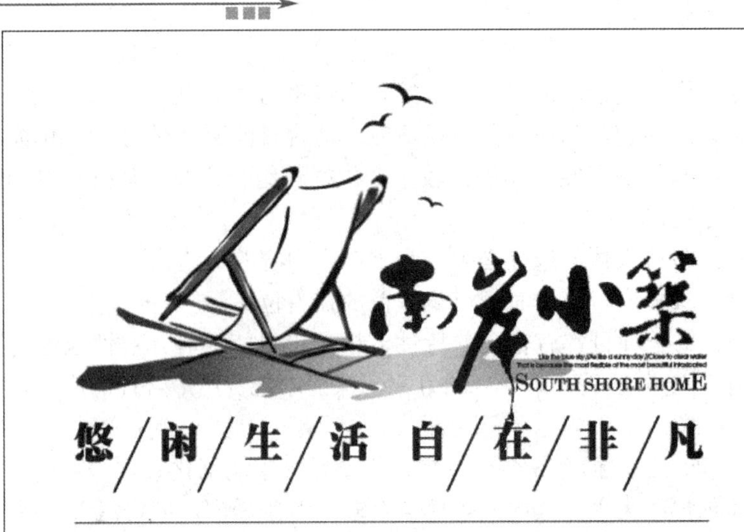


图9-1

图9-2

**相关知识**

在广告设计的过程中，素材的选取是很重要的。为了追求个性化的效果，有时为了突出图片、文字的与众不同，将手绘图、字扫描后使用（或用数码相机拍摄），是设计师们常用的方法。所以会使用数码相机和扫描仪也是设计师工作必须熟练的操作。

**STEP 01** 在CorelDRAW软件（或Illustrator软件中）中，新建文件。运用“钢笔”工具勾勒并调整贝塞尔曲线并填色，效果如图9-3所示。也可在PS软件中运用加深、减淡工具调整颜色，使色调柔和而不生硬，必要线条处可借助“钢笔”工具绘制调整。这个太阳下的舒适的躺椅是本标识的主体部分，为了减少在计算机上绘制时多次反复修改，一定要先有设计手稿，基本确定图形方案后再用软件描绘。这部分虽然是本项目的第一步，但是相对比较耗时，画得怎么样就看你的功夫了！

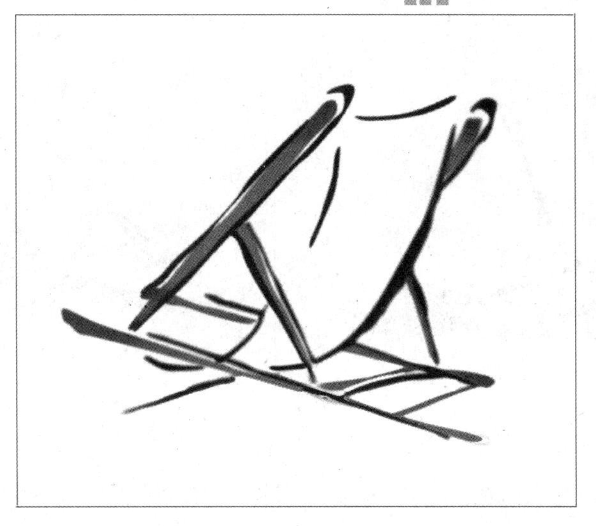

图9-3

**STEP 02** 图形主体部分的躺椅完成后，色调稍显暗淡，为突显时尚感和水岸风情，用“钢笔”工具勾勒一抹如水岸的路径，如图 9-4 所示。

图9-4

**STEP 03** 编辑线性渐变，渐变编辑器设置如图 9-5 所示，将所绘制的路径在路径面板下方单击“将路径作为选区载入”按钮，转换为选区。将编辑的渐变在选区中从左至右进行填充，填充后的效果如图 9-6 所示。

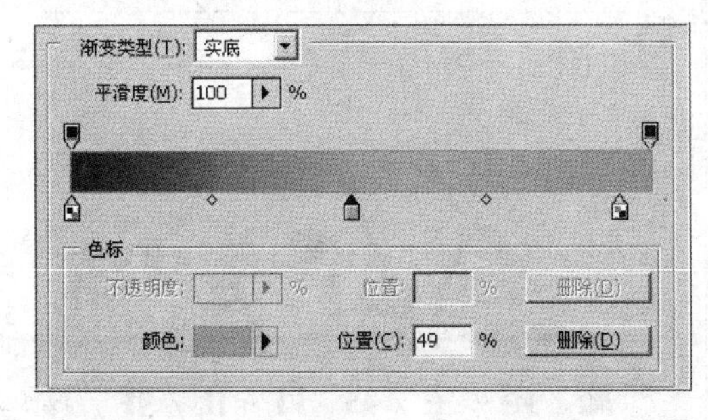


图9-5

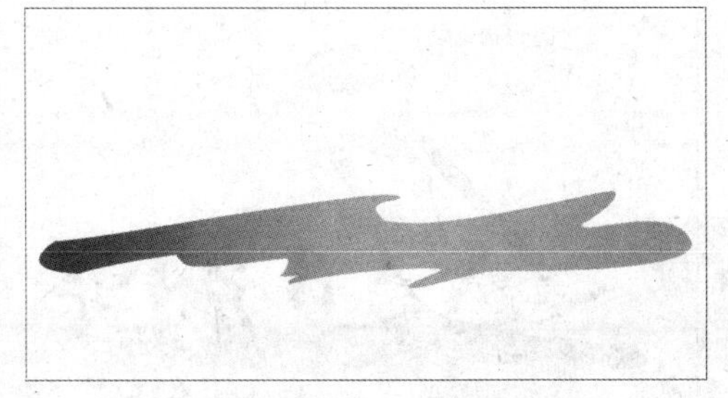

图9-6

**STEP 04** 悠闲舒适的水岸边，原生态的自然景观，如图 9-7 所示，画上几只水鸟会更加突出这个蓝天碧水、江南岸边的居住环境，也会更加增添画面的活力，如图 9-8 所示。至此，象征楼盘人文环境的标识中的图形部分基本完成。

图9-7

图9-8

**STEP 05** 打开已扫入计算机的手写文字素材“南岸小筑”，如图 9-9 所示。选择移动工具，将其拖到所编辑的文件中，调整大小、位置和色调后，如图 9-10 所示。这里值得强调的是，对于这样悠闲随意的画面而非棱角分明的标识效果，如果配以规则字体就会显得不够融合，所以用舒朗随意的手写体字，会使标识中主体图文更加和谐。

图9-9

图9-10

**STEP 06** 输入标识中其他辅助说明的文字，并调整位置如图 9-11、图 9-12 所示。此时，此楼盘的标志绘制完成，我们是不是能从标识中感受到了“南岸小筑”的地理、人文、自然环境氛围呢，如果是这样，那么第一步设计就成功了！

图9-11

图9-12

# 任务二：楼盘办公用品（部分）设计

当楼盘建设方案确定后，项目部投入建设之始便会用到许多办公用品，这也是一个宣传的切入点，我们以其中的信封、信纸、名片、纸杯等为例，简要描述一下设计过程。

色彩运用要柔和，避免大众的白色，显示出自己的特色来，且要与其他相关 VI 产品尽可能同色系，易于识别。

一般名片的设计只要求设计师进行图文效果设计即可，纸张的质量和颜色是印刷时可选择的。为了把本项目中这部分内容表现得更加真实，我们对纸张效果及色彩进行一下描述，有时候客户也要求某种展示效果，然后根据效果去选择纸张的色彩和材质进行印刷。

**相关知识**

名片的尺寸：一般我们生活常用的横排的名片规格是：宽度为 9cm，高度为 5.5cm。不过目前尺寸不标准的个性化的名片也多有出现。另外还有折叠名片，其折叠部分尺寸不尽相同。

名片包含的必备信息：一张完整的名片必须包含的内容有姓名、职位、单位名称、联系方式、地址等。

**STEP 01** 名片纸张效果的制作。新建文件大小为 A4，RGB 模式（暂设为 RGB 模式是为了应用某些在 CYMK 模式下不能应用的滤镜），分辨率为 300 像素/英寸。设置前景色为 R：235；B：223；C：205，然后按【Alt】+【Del】组合键将所设置的颜色填充到画布中。

**STEP 02** 选择滤镜菜单中的“纹理”滤镜，打开【纹理化】对话框，设置“砂岩”或者“画布”效果，参数设置如图 9-13 所示。

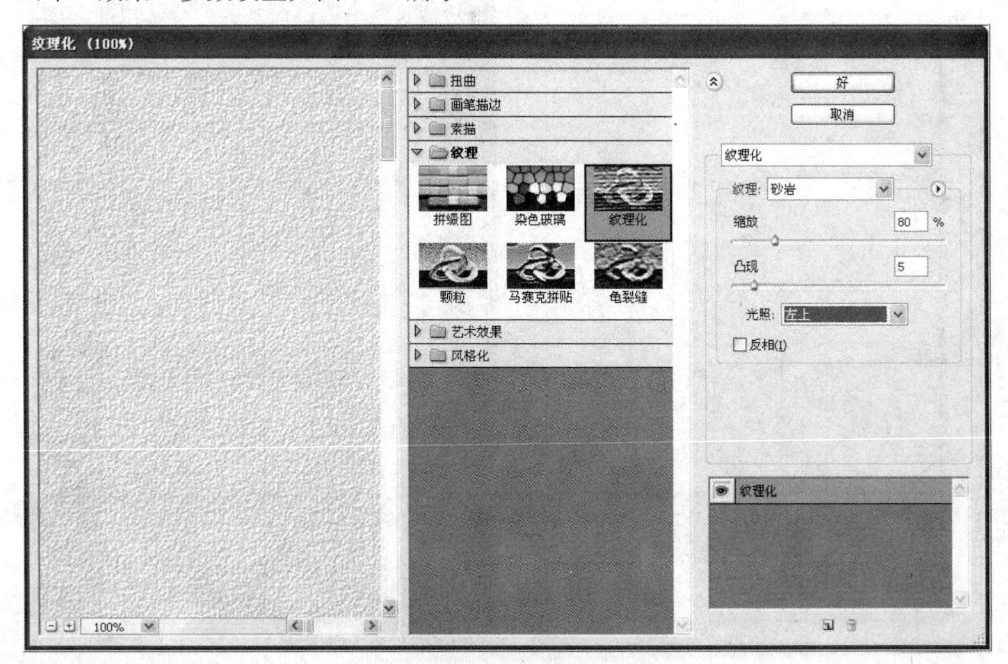


图9-13

**STEP 03** 再次选择滤镜菜单中的“像素化”滤镜，设置为“碎片”效果。此时画布中的效果会变得柔和了很多。然后执行图像菜单“模式”，将文件的颜色模式转换为“CMYK”模式，再进行适当的色彩调整。接下来我们就可利用“这张纸”来进行下面的设计了！

**STEP 04** 我们要做的是地产公司业务咨询的名片，所以要将企业标识和文字完美结合就可以了，整体构图要整齐、稳重而大方，要突出显示标识和项目地址及联系电话等信息，所以在构图上与其他名片可略有不同。名片下方加了一个矩形褐色颜色条，在这里起到了平衡作用，使名片看起来更稳重，与字体的搭配也比较和谐。本项目中的横排名片设计效果如图 9-14、图 9-15 所示。

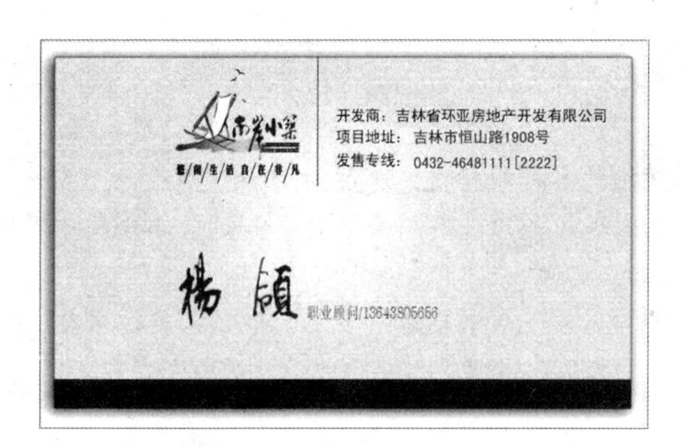


图9-14

图9-15

**STEP 05** 信函纸笺设计时，可以适当加入图片，会更加美观。因为此类便笺纸的质量都会比较好一些，所以设计时要比普通信纸增加一些艺术效果，设计效果如图 9-16、图 9-17 所示。

图9-16

图9-17

**STEP 06** 信笺和名片的组合效果如图 9-18 所示。

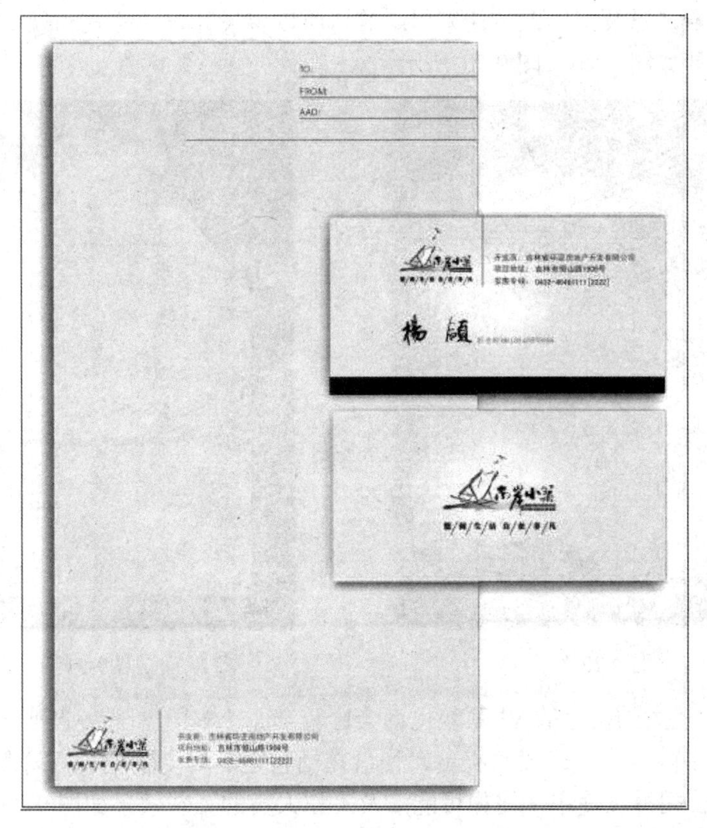

图9-18

**STEP 07** 信封设计效果如图 9-19 所示。在信封的设计中，邮政编码框的绘制要规范，位置大小要适当。可采用矩形路径描边后再复制粘贴的方法，也可以利用选区描边的方法制作，注意间距和大小，要在打开参考线的情况下操作才便于精确设置。而且信封的设计过程要先设计出刀版图，预留好出血值，信封折叠后粘贴的搭接尺寸要计算准确。此过程并不复杂，所以你可以参照效果图尝试一下。

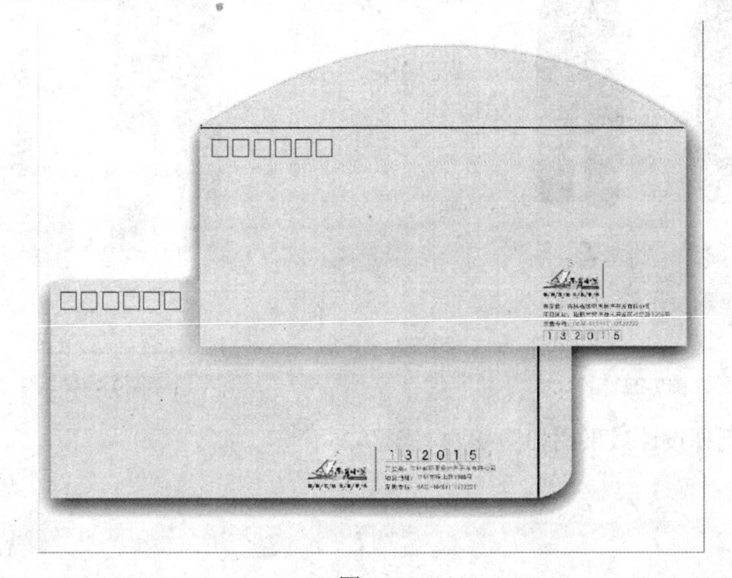

图9-19

**STEP 08** 因为信函应用时不尽相同，如邮寄 DM 宣传单、给购房者装票据或者在节日时给业主发放贺卡，以及工作人员往来信函等，所以多设计一些样式和规格会更丰富些。其他效果的信封设计如图 9-20、图 9-21 所示。

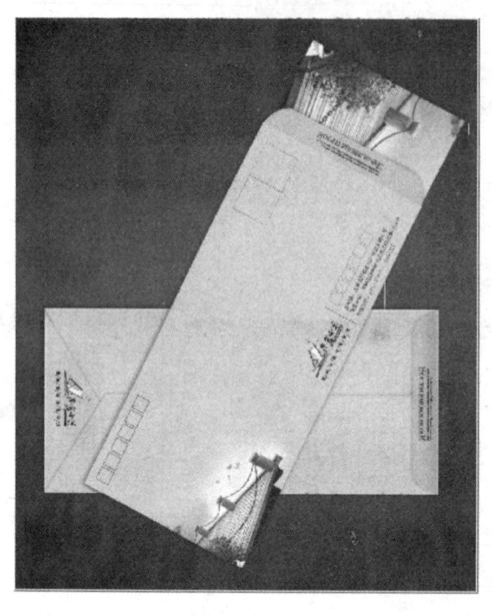

图9-20

图9-21

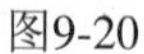

**STEP 09** 一般大的楼盘的 VI 系统也都会比较全面，本楼盘因为是刚开始建设阶段，所以还没有涉及更多内容。但一般情况下，楼盘在销售之后转交物业公司管理，所以很多 VI 系统还将在物业公司继续使用。比如可能涉及工作人员的工装效果如图 9-22、图 9-23 所示。（此类 VI 应用系统，一般大同小异，绘制起来也很简单，可尝试着在不同的软件中完成。）

图9-22

图9-23

**STEP 10** 纸杯设计效果图如图 9-24、图 9-25 所示。

图9-24

图9-25

纸杯是流行的一种饮水工具，是一次性用品，多用于会议、待客、聚会等场合。在地产的售楼处，它更是接待前来考查的投资者必不可少的用具。纸杯的包装图案是多样化的，既可以是休闲式图案，也可以是广告图案，地产用纸杯一般用楼盘标志和楼盘宣传广告图案作为装饰，在投资者休息时，也能发挥广告宣传的价值。

一般我们在 VI 的应用系统之一的纸杯上面作一些宣传企业的广告时，是可以找到相应的纸杯效果的素材的，那么只需设计表面的图文效果即可。除非杯型特殊，才需要自己绘制。

**STEP 11** 新建文件，大小为 8cm×8cm、分辨率为 300(像素/英寸)、背景为白色、名称为纸杯（立体）。

**STEP 12** 按住【shift】键，从上至下填充黑→白的线性渐变于背景层中。

**STEP 13** 按【Ctrl】+【R】组合键打开标尺，从水平和垂直标尺分别拖出所需参考线。

**STEP 14** 选择“矩形”工具，绘制矩形路径，然后调整为倒梯形效果，如图 9-26 所示。

**STEP 15** 选择“钢笔”工具组中的“变换转换点”工具，将路径的上边和下边分别调整为杯子的弧形，然后将路径变为选区，填充白色，效果如图 9-27 所示。

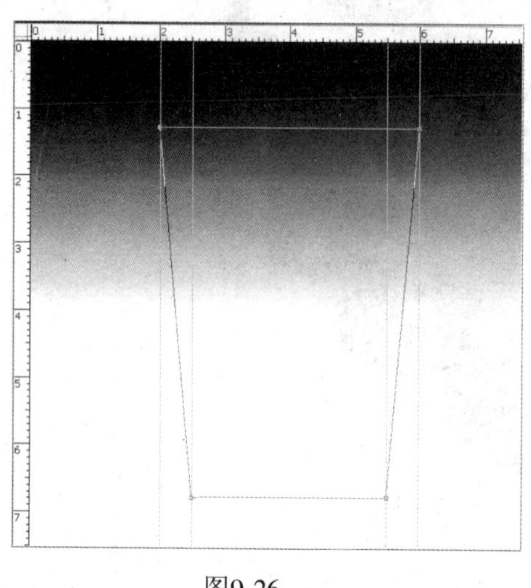
图9-26

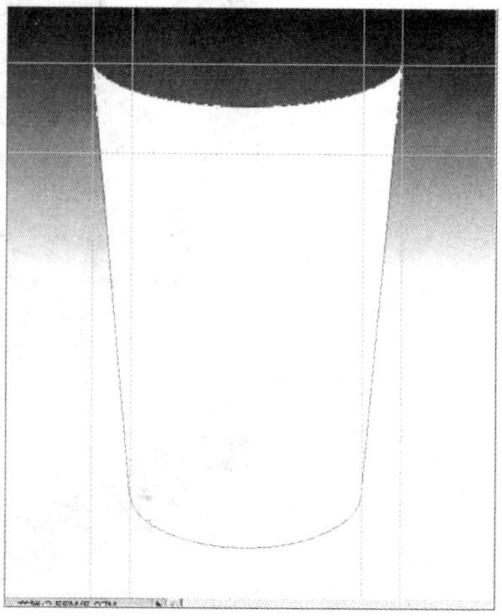

图9-27

**STEP 16** 制作杯面的立体感。新建图层，绘制矩形选区，填充柱面渐变效果，如图 9-28 所示，然后按【Ctrl】+【T】组合键后，按【Ctrl】+【Shift】+【Alt】组合键，鼠标拖动下边角上的控点，进行透视变换，锥面立体效果如图 9-29 所示。

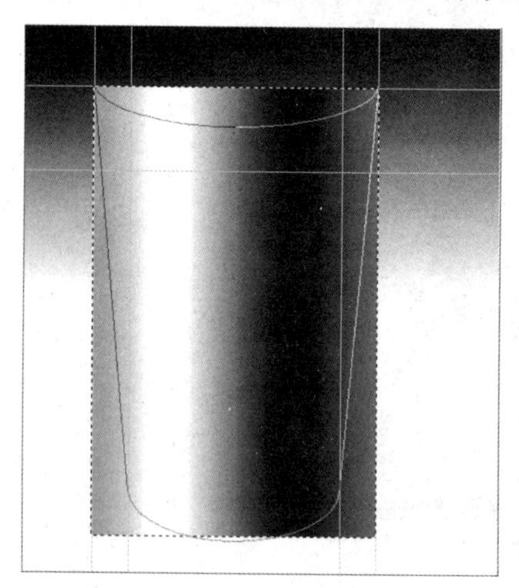
图9-28

图9-29

**STEP 17** 在杯口处绘制椭圆路径，将前景设为白色，如图 9-30 所示。在路径调板上选择描边路径，然后将该图层设置投影、内阴影等图层样式，效果如图 9-31 所示。

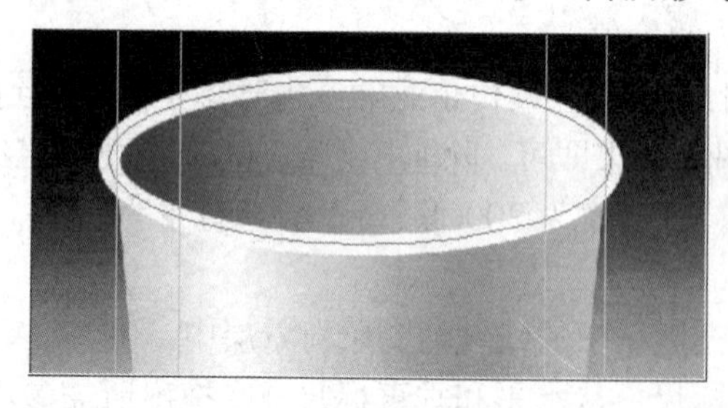
图9-30

图9-31

**STEP 18** 至此，整个杯子的立体效果完成如图 9-32 所示。打开装饰杯身的素材图片如

图 9-33 所示。（此类图片可借助 Paniter 和 CAD 软件绘制而成）

图9-32

图9-33

**STEP 19** 打开素材图片和标识图片，进行调整合成后，移到杯子文件中，利用杯面选区反选后将多余部分删除，调整图层位置，进行图层模式的混合操作后，效果如图 9-34 所示。

图9-34

## 任务三：横幅型宣传广告

一般这样的横幅广告都是筹划阶段初期工程还没有开始时使用的，因为此时施工场地的外围墙面等处的大幅系列宣传广告还没有展开。使用位置一般是在工程筹划办公室外墙上，为了真正起到宣传作用，让行人都能看得清楚，所以广告的实际尺寸都比较大，我们实际制作时要根据广告位的大小来量身定作，如果尺寸比较大，那么分辨率可适当降低，或者采用 72 像素/英寸即可，因为这样的广告都是在一定距离之外来观看的，所以对效果影响不大。而在这样的广告中，有时要宣传真实的楼盘情况，所以图片不经图像处理也可以，楼盘地址和名称是广告中不可缺少的部分。

**STEP 01** 新建适当大小文件，填充深蓝色渐变背景，这样可以更好地衬托出楼盘环境自然典雅的清新风格、鸟语花香的生态氛围。

**STEP 02** 导入由开发商提供的别墅区楼体效果图片，放置在文件中适当位置，加上灰色边框。将图片与边框合并图层后设置投影效果。

**STEP 03** 打开“楼盘标识”，使用移动工具托入所编辑文件中，调整大小及位置，由于此广告版的背景颜色相对较深，所以保留楼盘标志的白色背景，将其突出出来。

**STEP 04** 输入适当广告词，完成效果图如图 9-35 所示。

图9-35

**STEP 05** 其他横幅广告，效果如图 9-36 所示。

图9-36

## 任务四：形象墙广告

形象墙广告也分为 Logo 形象墙和广告形象墙。我们下面所制作的形象墙广告是指施工

现场外围栏上的宣传广告，这也是一个楼盘宣传的重要领地。

### 1. “形象墙广告一”设计

本例中以醒目的红白为主色调，辅以建筑实景为创意构思。主画面上代表信息容量的光盘效果寓意此楼盘的内涵建设，“开启生态居住时代，打造人文社区”为诉求点，引发消费者对美好生活的憧憬，使广告简单而个性，更具说服力，效果如图 9-37 所示。

图9-37

**STEP 01** 新建文件，大小根据实际需要设定尺寸，如宽度为 200cm，高度为 125cm，分辨率为 72 像素/尺寸，CMYK 模式，白色背景。托出参考线，将需要放置图片的位置先填充灰色以示区域，画布的上边、下边分别加上适当宽度的红色条，以增加其稳重感，效果如图 9-38 所示。

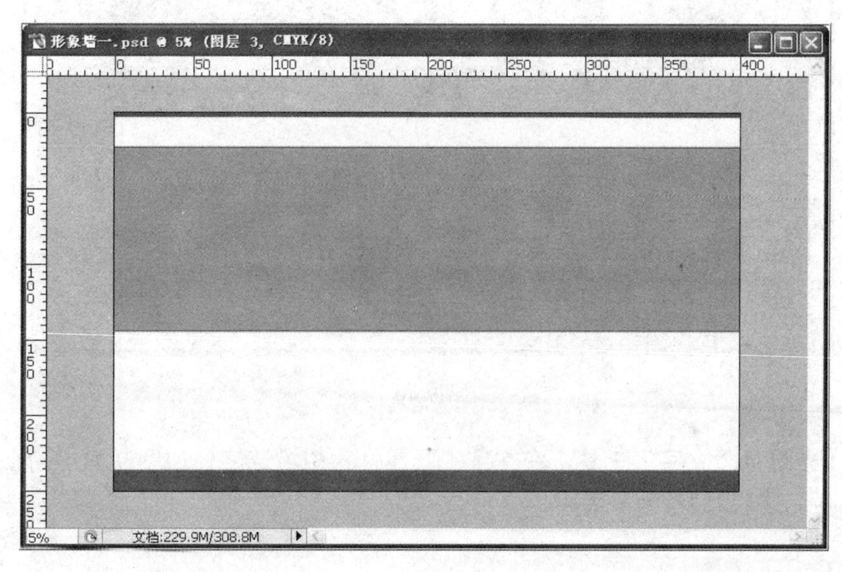


图9-38

**STEP 02** 打开素材图片，用移动工具复制到编辑文件中，调整位置及大小，将超过灰色区域部分删除，如图 9-39 所示。

图9-39

**STEP 03** 将两幅图片相接处用蒙版处理，使之融合。然后激活灰色区域所在图层，载入其选区后，填充红色，如图 9-40 所示。

图9-40

**STEP 04** 选择“文字”工具，在文字工具属性栏中挑选字体如图 9-41 所示，输入主体广告词“品质尚居”，调整字号大小。

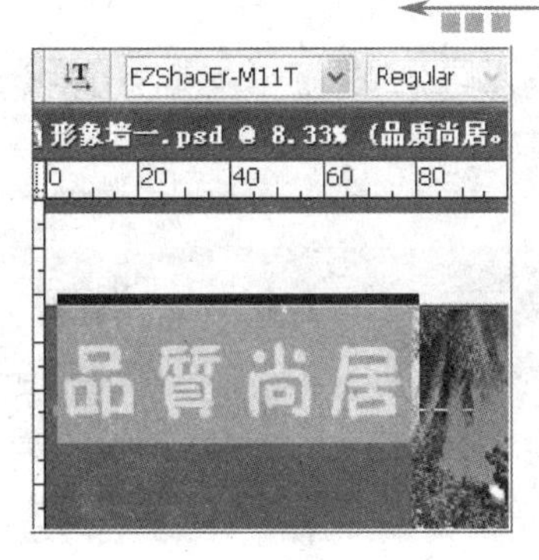


图9-41

**STEP 05** 激活所编辑的文字图层，在其图层调板上右键选择“栅格化图层”后，利用矩形选框工具分别选择 4 个文字后，按【Ctrl】+【Shift】+【J】组合键将 4 个文字分开至 4 个图层中，调整其位置并旋转方向。接下来将 4 个文字中上下两个字“品”、“居”超过红色区域的部分分别剪下来放置到新的图层中，载入其选区，填充黑色，即实现了“反相”效果，如图 9-42 所示。

图9-42

**STEP 06** 在英文输入法状态下，按【V】键切换到移动工具，托动鼠标将移动工具分别放置在水平、垂直标尺上托出两根相交的参考线，确定一个中心交点，如图 9-43 所示，以上点为中心绘制一个光盘效果。

**STEP 07** 切换到“椭圆选框”工具，同时按下【Alt】+【Shift】组合键，以两参考线交点为中心向外绘制正圆，新建图层后填充灰兰色(C:59%；M:26%；Y:25%；K：12%)，如图 9-44 所示。

**STEP 08** 在没有取消选区的情况下，新建图层执行编辑菜单【描边】命令，设置参数如图 9-45 所示，按【Ctrl】+【D】组合键取消选区,设置适当透明度。然后再激活灰色盘面图层，将该层不透明度降至 30%。

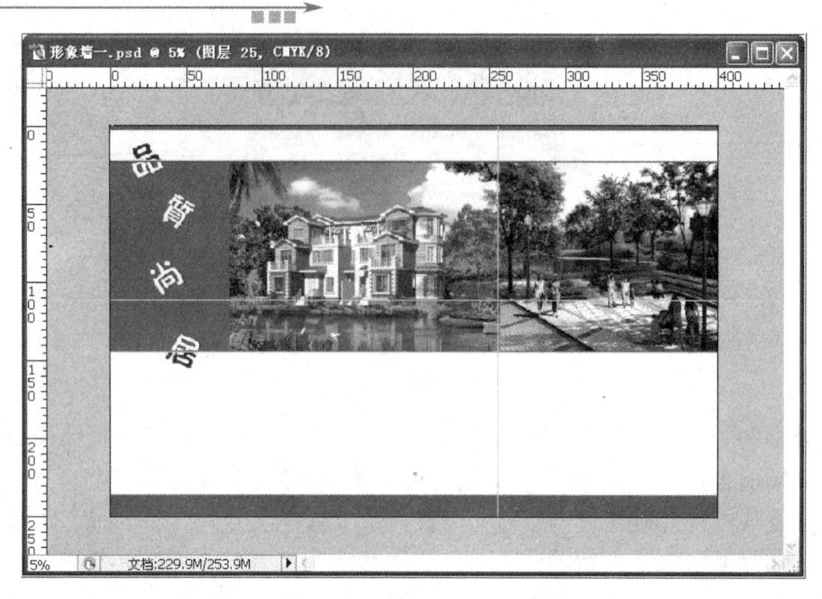


图9-43

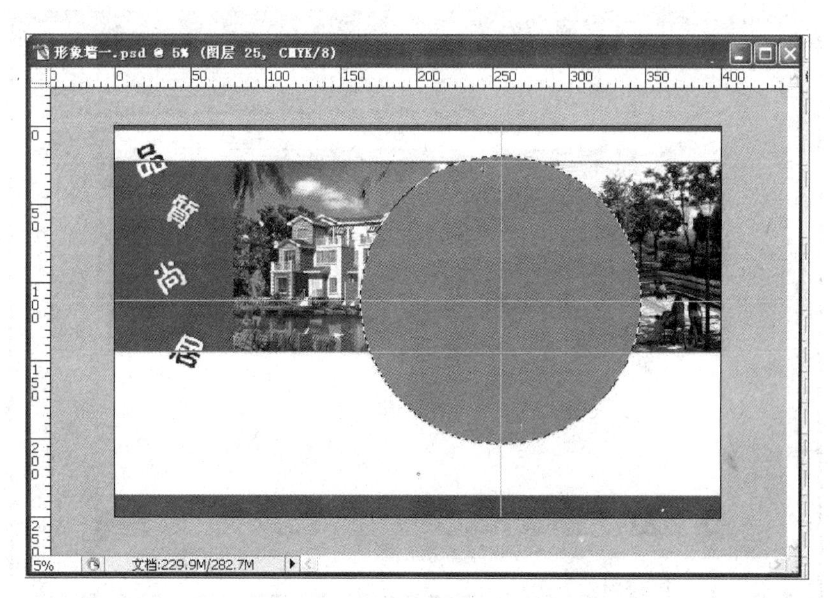


图9-44

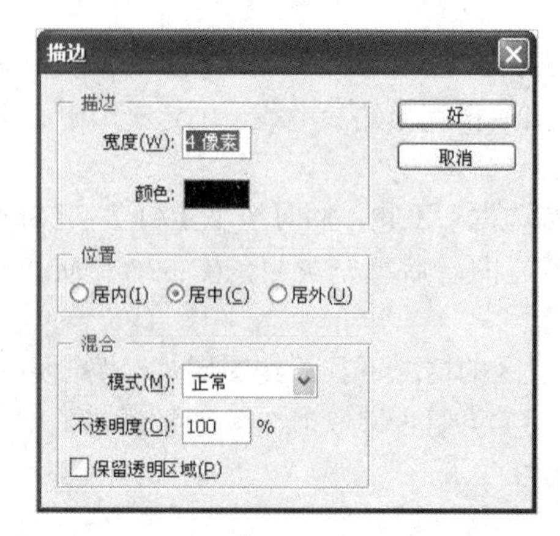


图9-45

**STEP 09** 重复上一步操作，再一次以此中心向外绘制一个正圆选区，跟上一个填充的圆形成了同心圆效果，选区的大小比上一个圆略小一圈，如图 9-46 所示。

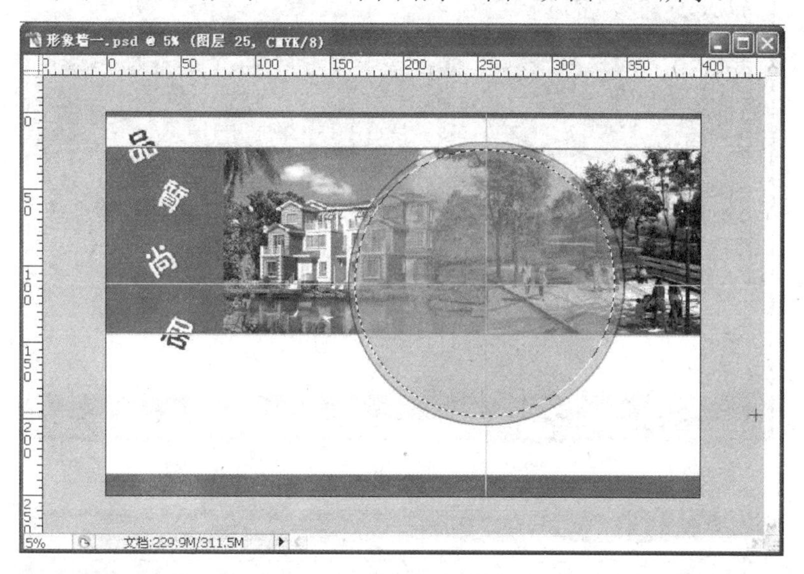

图9-46

**STEP 10** 按【Ctrl】+【Shift】+【J】组合键，将上圆选区中包含的部分剪切下来自动生成新的图层，将其不透明度降低到 10%，效果如图 9-47 所示。

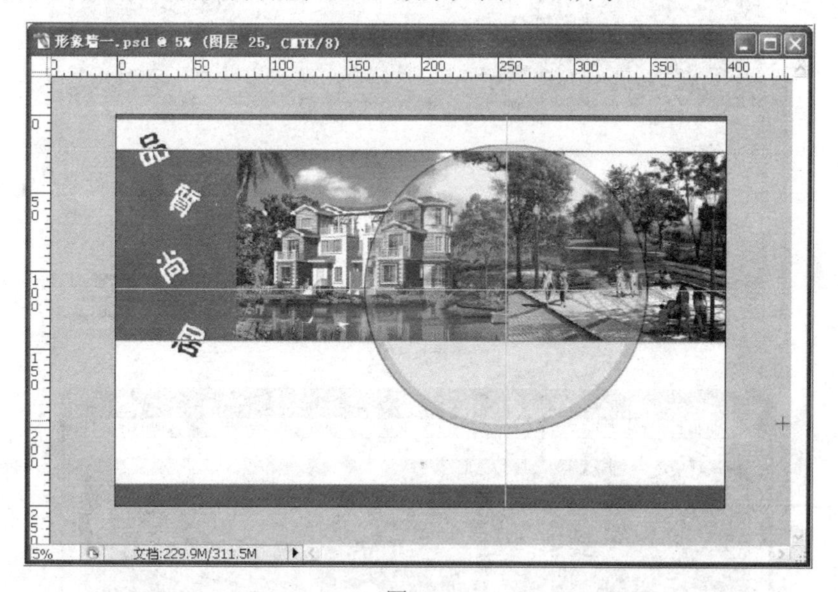

图9-47

**STEP 11** 打开另一幅要突出显示近景的图片，放置于光盘上方，调整位置和大小，如图 9-48 所示。

**STEP 12** 在最初设定的图片区域的上下两条参考线间绘制矩形选区，反选后删掉此图片多余的部分，如图 9-49 所示。

**STEP 13** 再次绘制一个小的同心圆选区，分别在各个图片所在图层进行【Del】操作，然后对此选区进行描边，效果如图 9-50 所示。

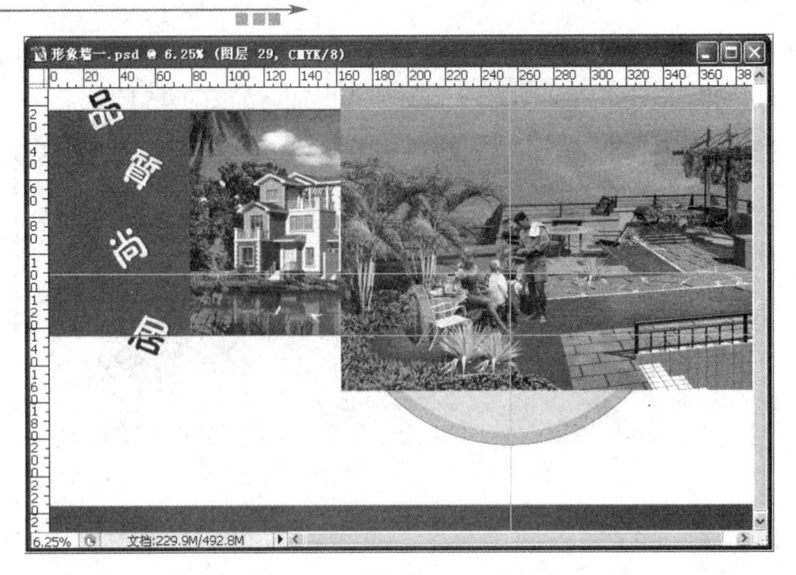


图9-48

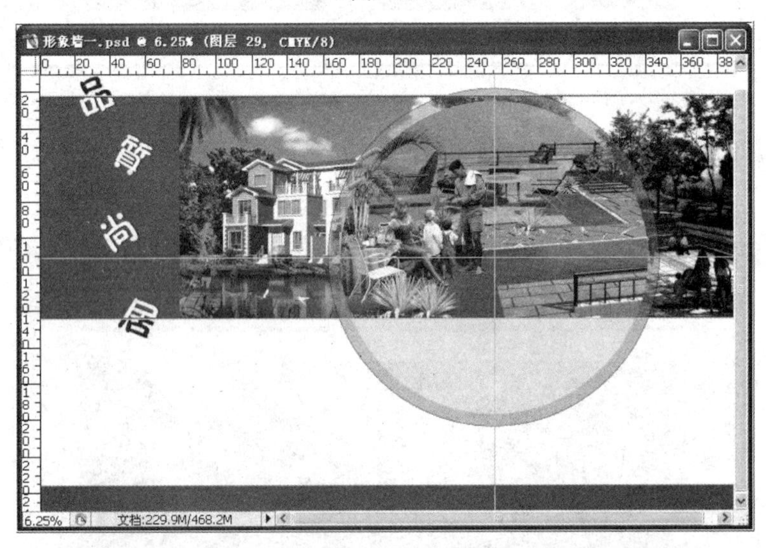


图9-49

图9-50

**STEP 14** 打开标志图片，移到编辑图像中，调整大小放置在左下方比较明显的空白处，输入咨询电话等相关信息，效果如图 9-51 所示。

图9-51

**STEP 15** 在图像的右下方空白处输入主体广告词及广告方案 4，调整各图层的色彩平衡效果，最终完成效果如图 9-52 所示。

图9-52

### 2. “形象墙广告二”设计

本例中以雅静的蓝色为基调，以一把展开的折扇透过无限风景为主面画进行创意构思，寓示园区内美景尽收之意。视觉效果好，尽显高贵大气的内在气质，效果如图 9-53 所示。

**STEP 01** 首先绘制这把折扇。在广告设计过程中，找不到合适的素材时，自己设计素材也是常有的事。在【新建】对话框中设置适当的参数如图 9-54 所示，然后在工具箱面板的形状工具组中选择矩形工具，如图 9-55 所示。

图9-53

图9-54　　图9-55

**STEP 02** 在画布上绘制一个窄且高的矩形，如图 9-56 所示，按【P】键切换到钢笔工具组，选择其中的转换点工具，通过调整四角控点，将这个矩形的上边和下边调为圆弧形，如图 9-57 所示。

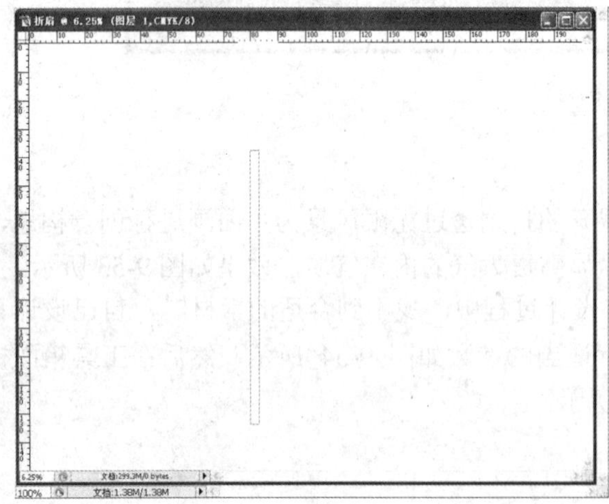

图9-56　　图9-57

**STEP 03** 按【G】键切换到渐变工具，单击渐变编辑器，编辑黑兰→兰→黑兰的渐变效果，如图 9-58 所示。新建图层后，将上面编辑的矩形路径在路径面板下方选择“将路径作为选区载入”，按【Alt】+【Del】组合键将编辑好的渐变效果以从左至右的线性渐变填充方式填充到选区中，取消选区后，将填充后的图形作透视变换，使之变为上宽下窄，形成一个扇骨，效果如图 9-59 所示。

图9-58

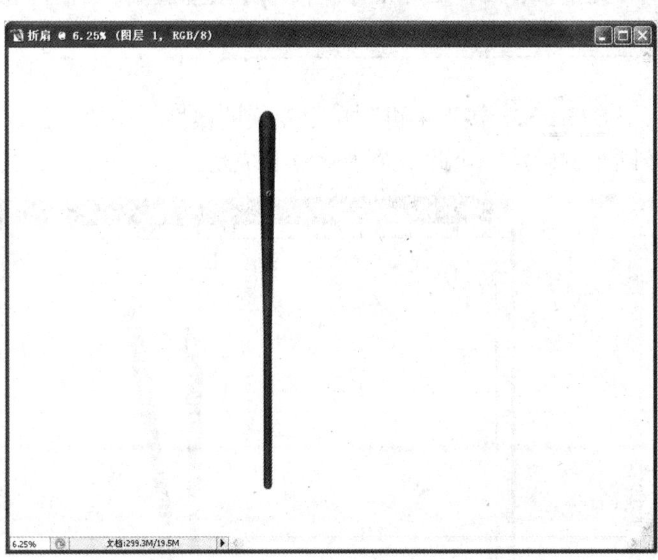


图9-59

**STEP 04** 载入该“扇骨”的选区后，依次执行【Ctrl】+【C】、【Ctrl】+【V】、【Ctrl】+【T】组合键操作；然后将变换的中心点调整到下部 2cm 处，如图 9-60 所示。

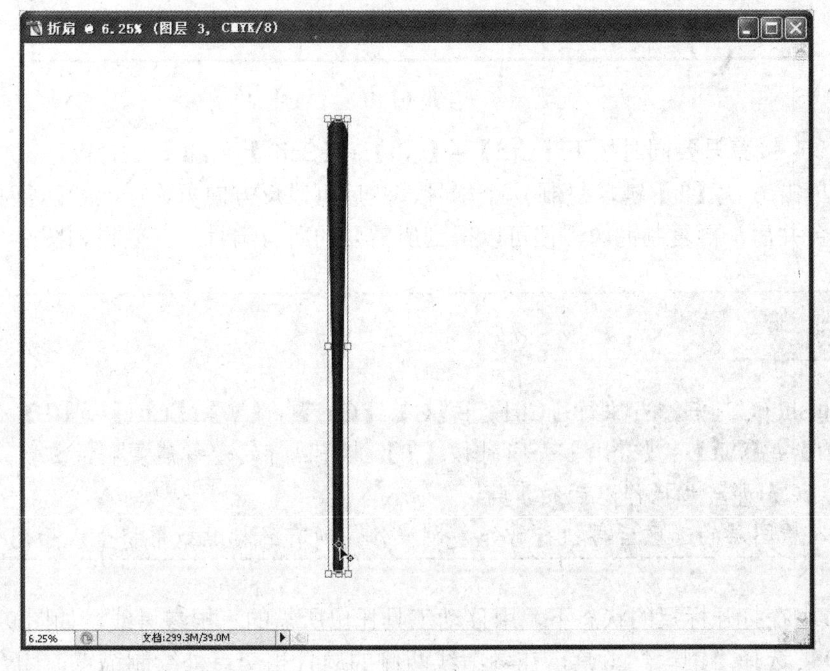


图9-60

**操作提示**

在调整自由变换的中心点时，如果图的变换区域显示的相对较小，那么操作时很难控制鼠标选中中心点，这时候可以按下【Alt】键的同时再选择中心点，我们会发现操作变得非常容易了。

**STEP 05** 接下来再到自由变换的属性栏中输入旋转角度“10° ”，如图 9-61 所示，然后按回车键确定。至此一个扇骨复制成功。

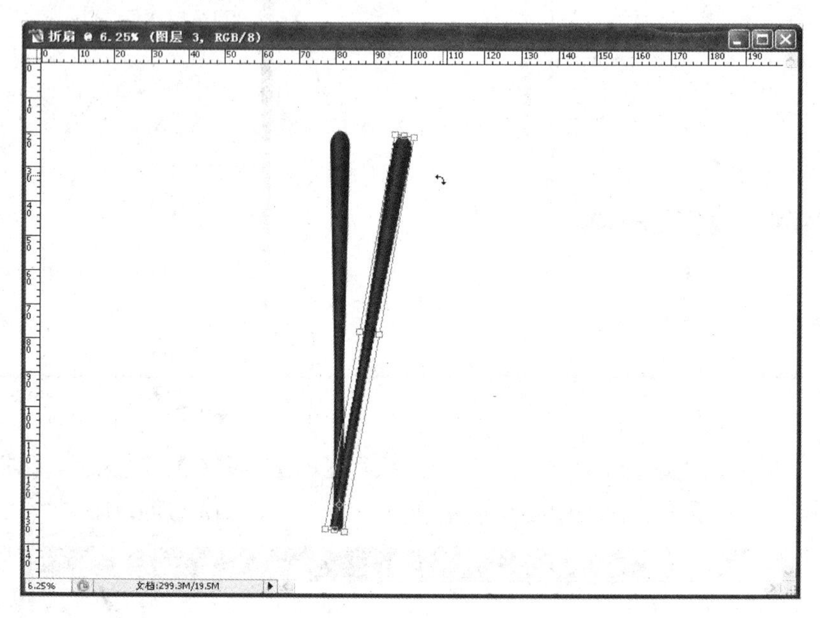

图9-61

**STEP 06** 接着只要同时按下【Ctrl】+【Alt】+【Shift】+【T】组合键，就可以实现智能复制了。单击 6 次【T】键，复制 6 个扇骨，然后可以反方向再作一次智能复制或者将已复制的图层合并后，再复制镜像，便可以得到所需要的所有扇骨了，效果如图 9-62 所示。

**操作提示**

在 PhotoshopCS 中，当执行【Ctrl】+【C】、【Ctrl】+【V】、【Ctrl】+【T】后，如果再次按下【Ctrl】+【Alt】+【Shift】并同时按【T】键将执行的是智能复制，也就是说重复执行【Ctrl】+【C】那一步操作以后的步骤。

如果载入原图层的选区后再执行智能复制操作，所有的粘贴效果将生成于同一图层。

**STEP 07** 在打开标尺的状态下，用移动工具托出所需的三根参考线，如图 9-63 所示。

**STEP 08** 选择“钢笔”工具，在参考线两侧的扇骨相交点外绘制锚点，闭合路径后将路径调整为扇面形状，如图 9-64 所示。

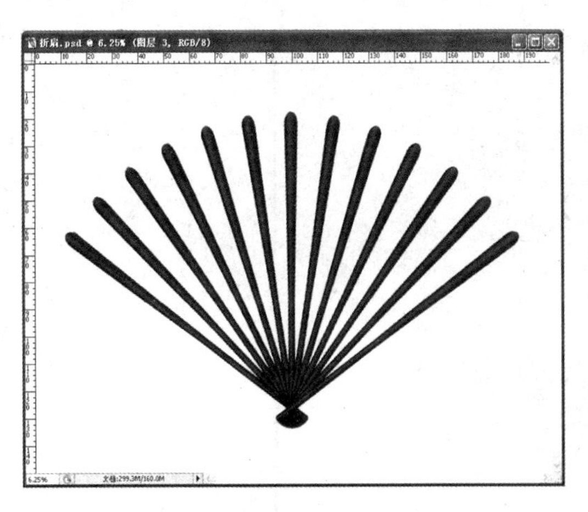

图9-62

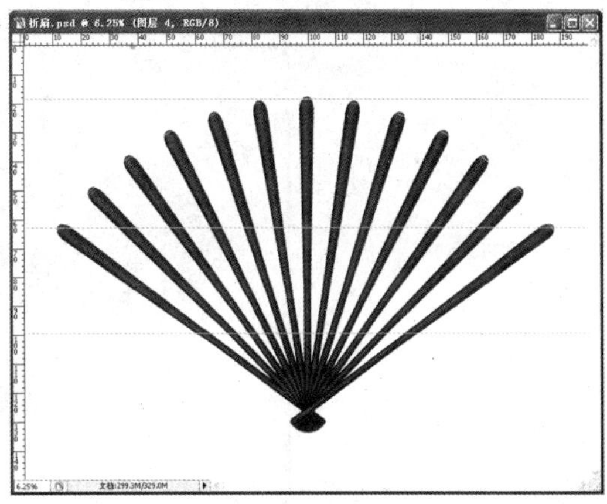

图9-63

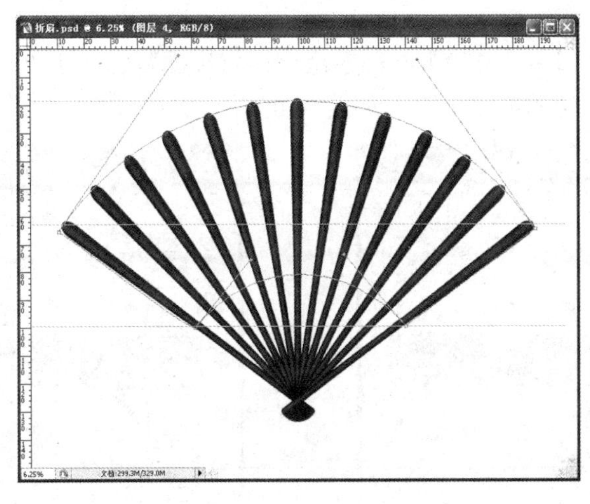

图9-64

**STEP 09** 设置前景色灰色（C：37%；M；27%；Y：19%；K：4%），新建图层，在路径调板下方选择“填充路径”，将该闭合路径变为选区，填充如图 9-65 所示。

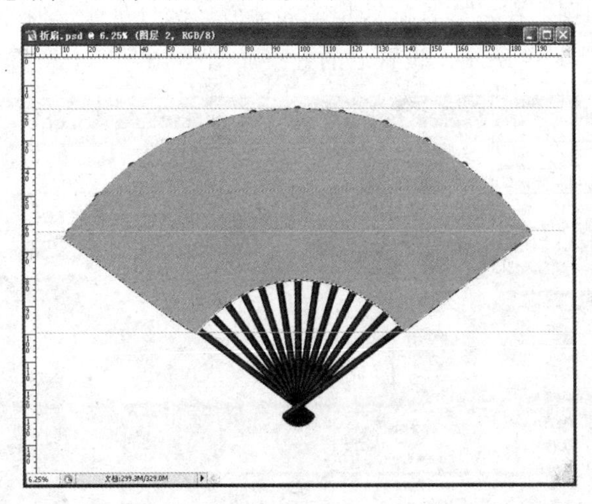

图9-65

**STEP 10** 将扇面图层设置适当透明度，并载入扇面的选区，如图 9-66 所示。切换到扇骨图层，如图 9-67 所示。

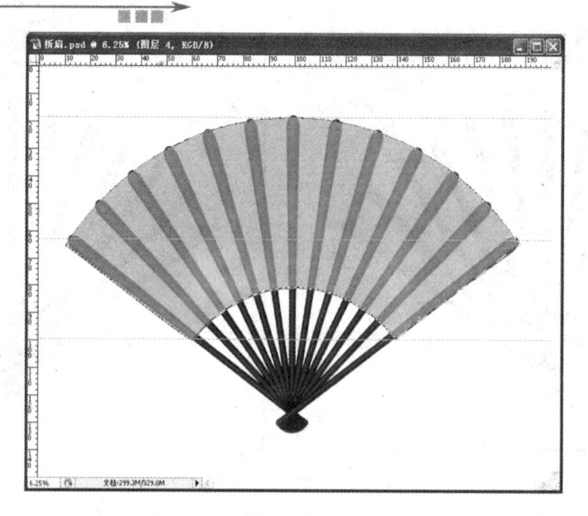

图9-66

**STEP 11** 按【Ctrl】+【Shift】+【J】组合键将扇面包含的扇骨部分剪切下来粘贴到新的图层中，设置图层不透明度为 15%，如图 9-68 所示。

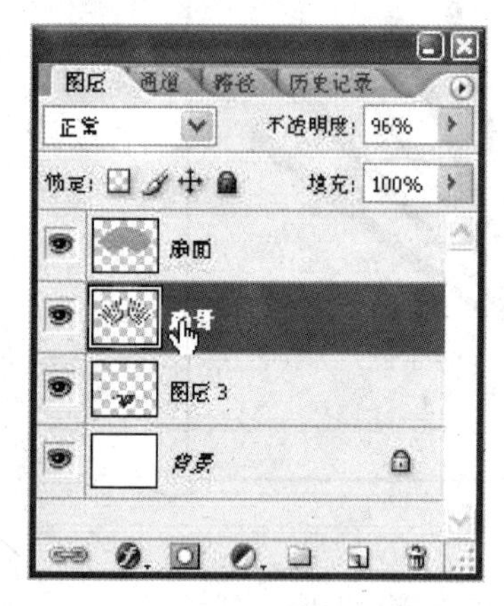


图9-67

图9-68

**STEP 12** 新建图层，在各扇骨旋转相连的地方（装订处）绘制小椭圆选区，填充深蓝色，图层样式设置如图 9-69 所示，设置后的效果如图 9-70 所示。

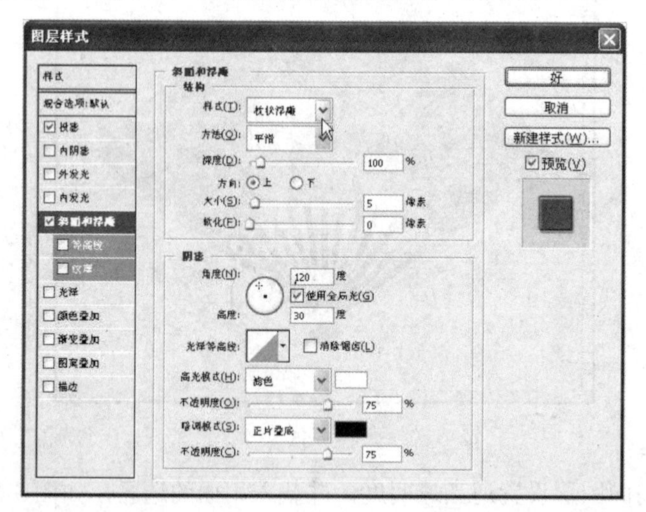


图9-69

**STEP 13** 将扇骨中最右侧的一个扇骨移至扇面图层上方，效果如图 9-71 所示。

图9-70

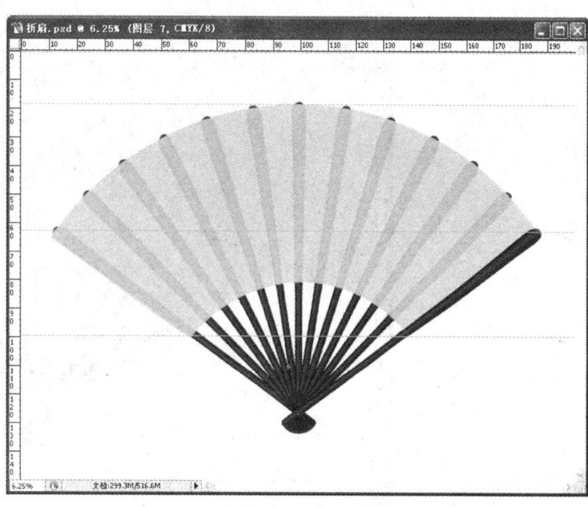


图9-71

**STEP 14** 在路径面板中，激活扇面的路径。在钢笔工具组中选择“添加锚点工具”，如图 9-72 所示，在扇面路径上方对应扇骨的位置依次添加锚点，如图 9-73 所示。

图9-72

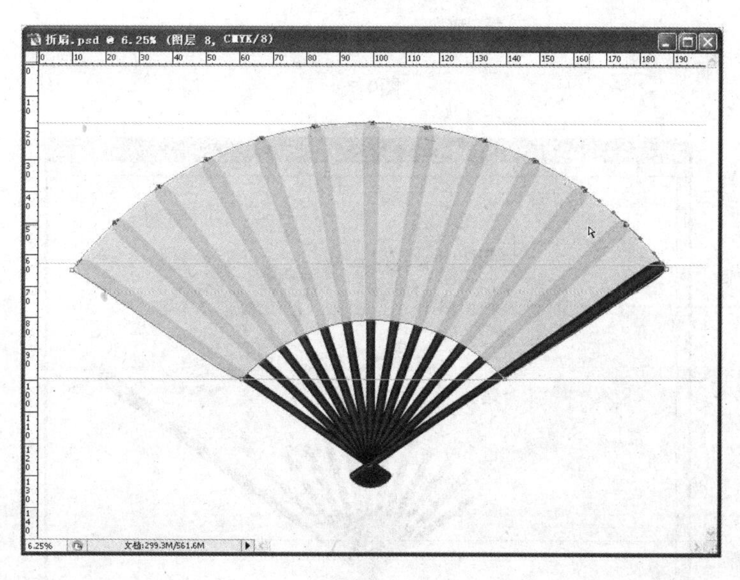


图9-73

**STEP 15** 选择“转换点工具”，将这些锚点同方向调整，调整后的效果如图 9-74 所示。

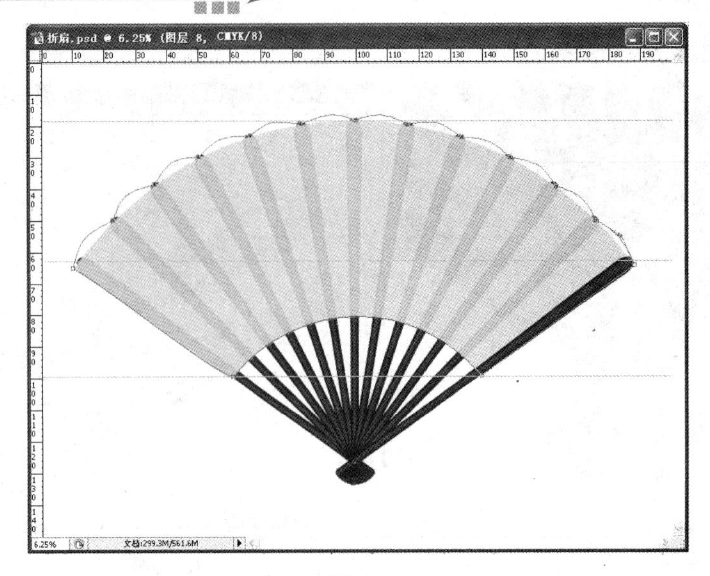


图9-74

**STEP 16** 将编辑好的扇面路径，转换为选区，执行【编辑】/【描边】命令，参数设置如图 9-75 所示。至此，我们要用的素材“折扇”效果已完成，如图 9-76 所示。

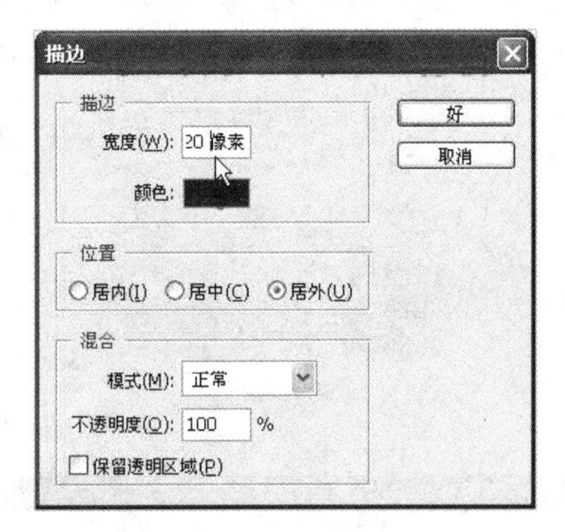


图9-75

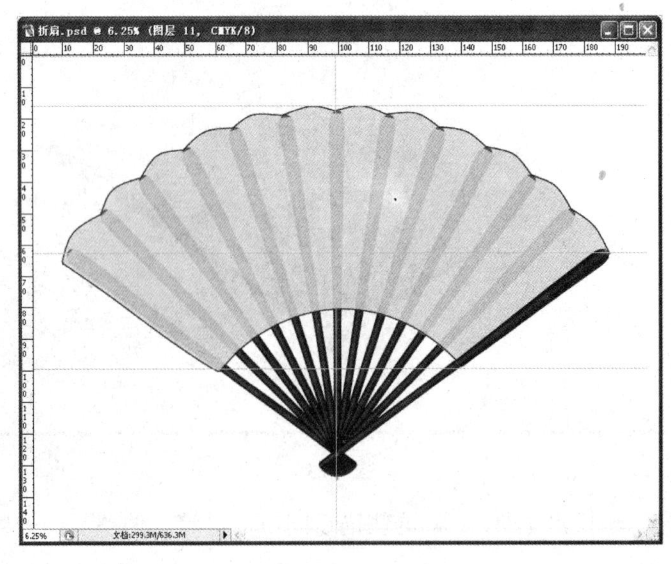


图9-76

**STEP 17** 新建“形象墙广告二”文件，大小设置如图 9-77 所示。

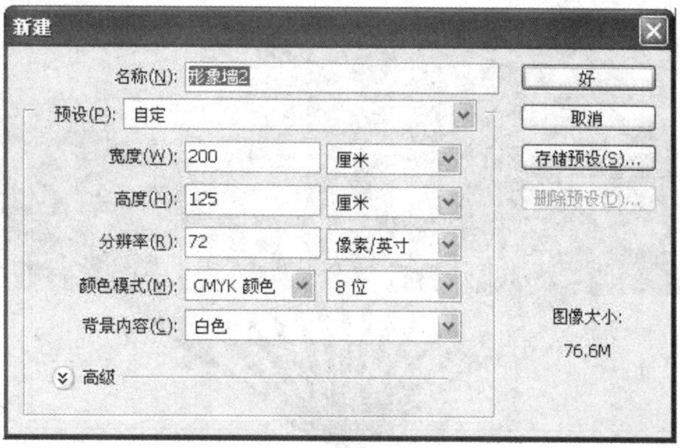

新建
名称(N): 形象墙2
预设(P): 自定
宽度(W): 200 厘米
高度(H): 125 厘米
分辨率(R): 72 像素/英寸
颜色模式(M): CMYK 颜色 8 位
背景内容(C): 白色
高级
好
取消
存储预设(S)...
删除预设(D)...
图像大小:
76.6M

图9-77

**STEP 18** 将文件上下填充蓝色矩形条，将素材图片移入文件中，排列效果如图 9-78 所示。

形象墙一.psd @ 6% (图层 4, CMYK/8)
6%
文档:229.9M/717.7M

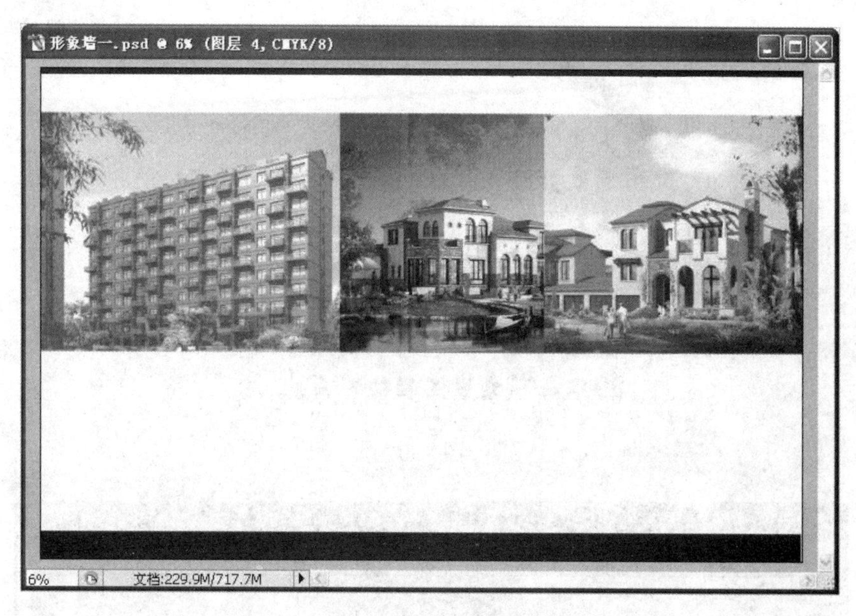

图9-78

**STEP 19** 将前面完成的“折扇”效果图（不要合并图层）移入到图像中，将图片显示位置的扇骨删除或隐藏起来使之不可见，如图 9-79 所示。

**STEP 20** 在广告画布右下方空白处，选择文字工具托动文字定界框，在框内输入广告文案 1，设置适当字体和效果，如图 9-80 所示。

**STEP 21** 输入广告中其他必备的信息，主导广告词、标志图形、业务电话、项目地址、开发商信息等，完成效果如图 9-81 所示。

图9-79

蓝天碧水，南岸小筑
喜欢蓝天
正如喜欢每一个阳光灿烂的日子
亲近碧水
却是因为那份最柔最美的沉醉
南岸小筑
给你在风景里生活的岁月......

图9-80

图9-81

## 任务五：条幅路杆型广告

路杆型广告是一种较好的企业对外沟通的展示方式，同时也是较合适的形象载体，要求其画面醒目、文字精练，使人一目了然，能在瞬间抓住行人的视线。一般房地产的路杆广告，以醒目的色彩配以楼盘标志、让人记忆深刻的广告词和别致的图片效果，增加视觉冲击力，吸引行人的眼球，留住路人的脚步。在制作手法上，一般都比较简单。

**STEP 01** 新建文件后，绘制矩形选区，填充渐变得到一个路杆，复制变换成路杆的其他部分。

**STEP 02** 路杆两侧的条幅绘制，为了显得别致一些，一侧的条幅进行变形。

**STEP 03** 输入主导广告词，“景观与人文并举，上风、上水、尚居”。

**STEP 04** 挑选有代表性的素材图片，并进行裁切后放在位置上，效果如图 9-82 所示。其他吊旗广告效果如图 9-83 所示。

图9-82

图9-83

## 任务六：高立柱宣传广告

广告牌置于特设的支撑柱上，通常支撑柱一般只有一根。广告装置一般设立于交通主要干道，面向车流和人流。

主要特点：

（1）强大的视觉冲击力极高的可见度；

（2）所触及的潜在消费者多；

（3）广告回报率高；

（4）对于树立品牌形象或新产品的上市宣传有惊人的传播效果。

基于以上特点，所以高立柱广告一般要求设计要独具匠心，确保宣传主体的完美的公众形象。

操作步骤：由于此广告陈设位置的特点，所以广告中宣传的主要文字等一定要醒目，能让行人看得清楚。本例中主要知识点是，中间的部分是在 Photoshop 软件中绘制而成，用高楼大厦的图片与南岸小筑的自在随心相对比，下面背景图片经图像处理得到（本例的操作重点），楼盘的标识也一定在广告中体现，效果如图 9-84 所示。投放到高立柱上后的效果，如图 9-85 所示。

图9-84

图9-85

## 任务七：台历型宣传广告

日历是生活和工作的必需品，最常见的日历形式是台历和挂历。现代生活中，台历应用的比较广泛一些，所以广告商当然不会错过借助台历作宣传的机会。

最常见的台历有广告台历、个性化台历、知识性台历、便笺式台历等。

一般地产类企业设计制作自己的广告台历，都是用来赠送客户的，在营销中起着一定的宣传推广作用。广告台历印刷精美，有较强的广告性、艺术性和收藏价值，还可以详附一些广告说明文字和广告语等，丰富广告内容，使大众详细查阅，增加了广告的影响力。

在具体设计制作台历之前，需要了解客户的背景资料，进行设计前的一些调查，制定明确的设计思路和方向。

如下列举的广告台历是地产开发商在楼盘推广发布上赠给客户的，以及在售楼处，销售人员用于赠送给前来了解并有意向选房的客户的。我们做的台历分两种，一种是重点推广和宣传高档别墅区的，另一种是面向年轻一族推广的精美高层小户型方案，下面以后一种为例，效果如图 9-86 所示。

图9-86

说明：考虑到这次宣传面向的主体是年轻一族，所以首先是在 Paniter 软件中借助数码板绘制了几幅色调鲜明时尚的卡通广告，想必这是年轻人喜欢和欣赏的。我们将以此为素材来制作台历，当然制作台历的步骤就比较简单了。

**相关知识**

Painter 是全世界最强大彩绘与插画软件之一。这次设计师们利用 Painter 丰富的笔刷结合数位板的细腻压感手绘几幅美丽的写意风格的图画。这几幅插画色彩丰富并且活泼生动，表现了复杂花纹图案的技法。如果有软件基础和简单的美术功底，那么就可以尝试一下。

**STEP 01** 启动 Illustrator 软件，在该软件中新建文件，参数设置如图 9-87 所示。

**STEP 02** 按【Ctrl】+【S】组合键将此文件保存，执行菜单【对象】/【裁剪区域】/【建立】命令，建立文件裁切标记，如图 9-88 所示。

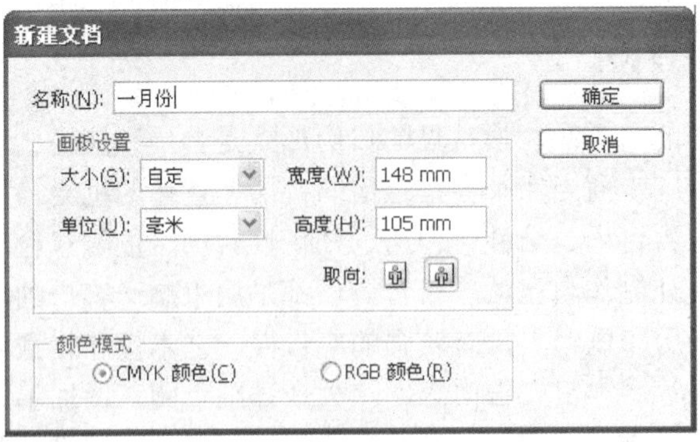

新建文档
名称(N): 一月份
确定
取消
画板设置
大小(S): 自定
宽度(W): 148 mm
单位(U): 毫米
高度(H): 105 mm
取向:
颜色模式
CMYK 颜色(C)
RGB 颜色(R)

图9-87

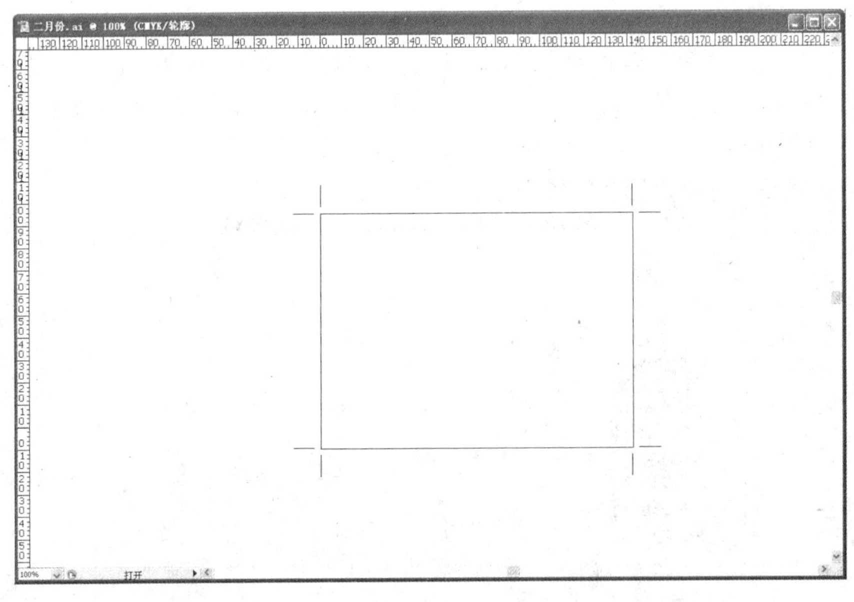

图9-88

**STEP 03** 为了精确定位图片出血尺寸，按【Ctrl】+【R】组合键打开标尺，双击左上角水平标尺与垂直标尺交汇的零点控制角，恢复默认标尺零点。

**STEP 04** 选择矩形工具，绘制矩形，按【Shift】+【F8】组合键打开变换面板，用变换面板精确定位。上端路径图形左上角控制点的坐标为X=–3mm、Y=108mm，下端路径图形左下角控制点的坐标为X=–3mm、Y=–3mm，路径图形宽度设置为W=148mm，如图9-89所示。路径图形填充颜色为(C:73；M:67；Y:40；K:24)，如图9-90所示。

变换
对齐
路径查找器
X: -3 mm
W: 148 mm
Y: -3 mm
H: 111 mm
0°
0°

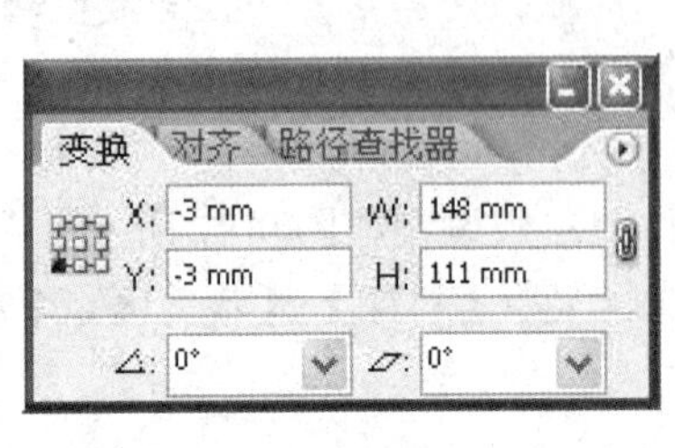

图9-89

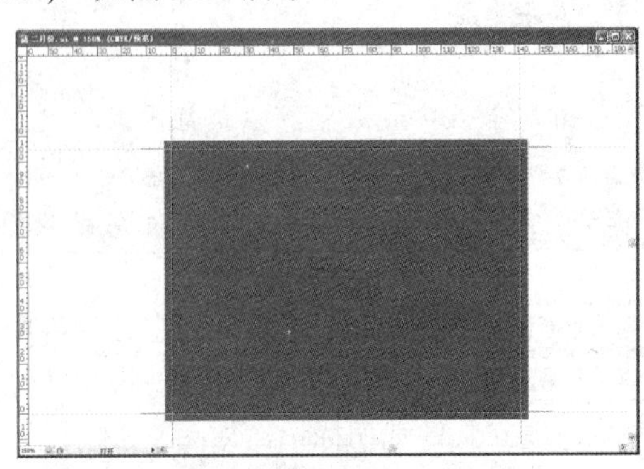

图9-90

**STEP 05** 执行菜单【文件】/【置入】命令，在弹出的【置入】对话框中选择已在 Painter 软件中绘制好的图片广告，然后单击“置入”按钮，等比例缩小图片，效果如图 9-91 所示。

图9-91

**STEP 06** 同样方法“置入”图片“南岸小筑”标识文字，排放在图像文件的左下角，在图层样式调板中，添加阴影效果，如图 9-92 所示。

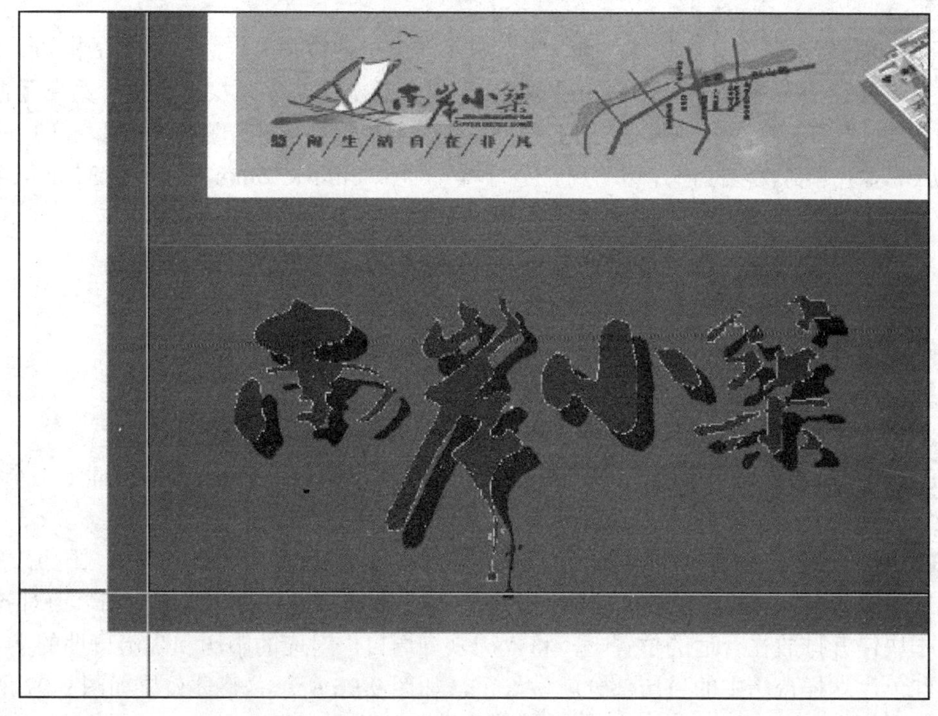


图9-92

**STEP 07** 再次选择矩形工具，绘制一两个长条矩形，分别填充黄色、蓝色，且在黄色条上输入文字“2008”，蓝色条上面输入文字“SUN、MON、TUE、WED、THU、FRI、SAT”等，再在右侧输入文字“1”，作为1月份的标志，设适当字号及描边效果，如图9-93所示。

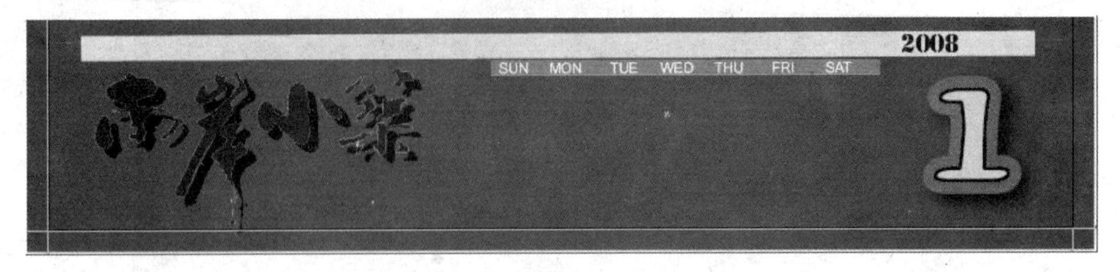


图9-93

**STEP 08** 开始制作日历。日历是由两个文字块上下错开，拼在一起的，如图9-94所示。

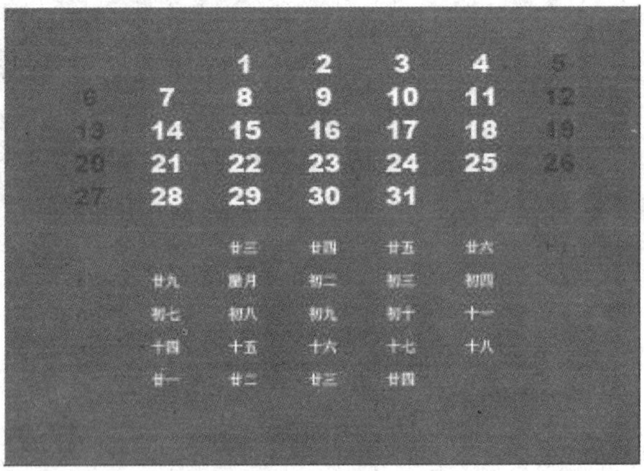

图9-94

**STEP 09** 先来制作文本块1，输入文本块1的文字内容后，设置字体、字号和颜色。然后将文本光标置于文本块中，按【Ctrl】+【A】组合键全选文字，接下来执行菜单【窗口】/【文字】/【制表符】命令（或按【Ctrl】+【Shift】+【T】组合键），打开【制表符】对话框，单击“居中对齐”制表位标记并移动到合适位置（即0、8mm、16mm、24mm、32mm、40mm、48mm处），如图9-95所示。

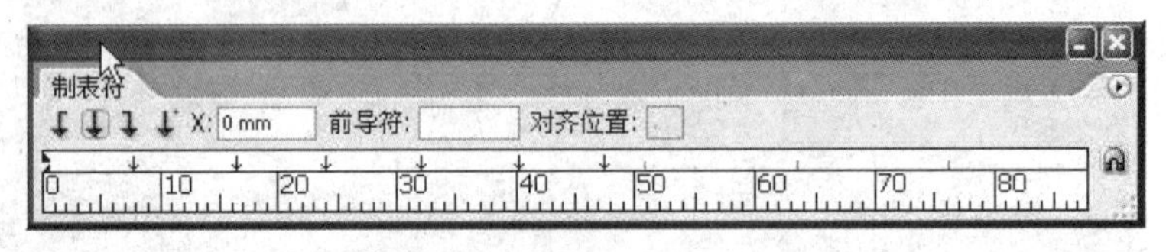


图9-95

**STEP 10** 制表位确定好后，将文字光标置于段落文本块中，每个日期间插入1个【Tab】键，文字便排列好了。

**STEP 11** 接下来制作文本块2，选取文本块1，进行复制，将数字删除，阳历改成阴历汉字，设置字体、字号和颜色。然后将文本块1和文本块2进行“左对齐”和“顶对齐”，将两个文本块错开排放在合适的位置上，将“周六、周日”对应的阳历和阴历日期的文字和数字变为红色，这样台历中的日历部分就做好了，如图9-96所示。整体效果如图9-97所示。

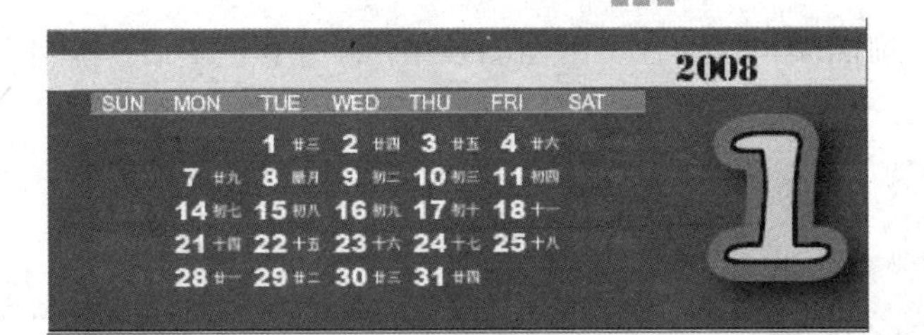


图9-96

图9-97

**STEP 12** 启动 Photoshop CS 软件，新建“台历型广告立体效果”的 CMYK 模式图像，设置“宽度”和“高度”分别为 142mm 和 105mm，分辨率为 300 像素/英寸，白色背景。

**STEP 13** 通过绘制选区，填充颜色，然后进行变换，制作出立体台历的效果，如图 9-98 所示。注意立体效果和投影的表现。（制作时也可以直接引用图片进行变形及立体效果处理，这里是先做了立体效果后引用了图片。）

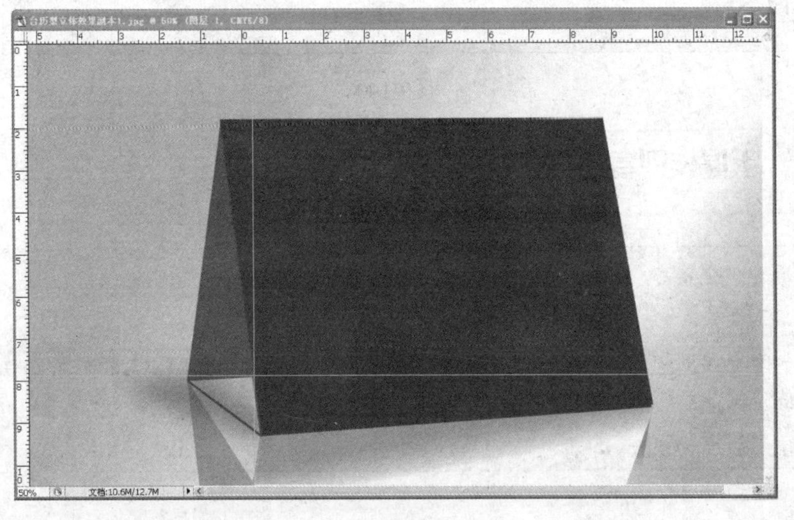

图9-98

**STEP 14** 打开前面编辑好的台历平面图效果，调整其位置后，就制作完成了，如图 9-99 所示。封面效果如图 9-100 所示。

图9-99

图9-100

## 任务八：手提袋型宣传广告

手提袋一般是按照礼品的大小及客户的要求来定做的，没有明确的规格。纸质的手提袋的宽度应该是（长+宽）× 2+糊边，高度应当是上折边+底边+高度,糊边宽度一般设为 2cm，上折边为 4cm，底边为 6cm 即可。

地产类手提袋的作用就是为了向意向购买的客户赠送一些宣传资料，用纸袋承载，同时纸袋本身也是一个好的流动广告。

手提袋的制作方法比较简单，在这里就不再赘述了，给出两幅制作的效果图供参考，如图 9-101、图 9-102 所示。

图9-101

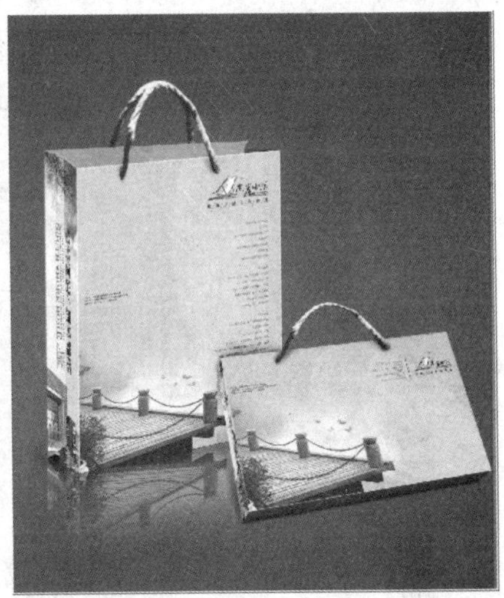

图9-102

## 任务九：DM 宣传广告

### 1. DM 宣传广告

本楼盘 DM 宣传广告如图 9-103 所示。

图9-103

## 2．杂志报纸宣传广告

地产类杂志报纸广告一般都是系列的，以下我们列举的是三个宣传主题的系列。

系列一：是针对高层精美小户型做宣传的，主要是面向那些即将告别单身，盼望有家的年轻一族。其中前两幅的画面以淡雅的色彩，表达了他们温馨浪漫、惬意舒适的新生活；后两幅的画面烘托的是一种有家之后对曾经单身贵族的一种怀念，如图 9-104 至图 9-107 所示。（此例主图是在 Painter 软件中绘制的）

图9-104

吉房售证：2008第217号
家在南岸，守望一生幸福
藍天下，陽光游走在室內每一個角落，心在每一片光亮裡愈加開朗鮮活，在明媚的陽光裡跳躍、歌唱。如此通透開陽的設計，留住陽光吸納清風。恰似穿越浮華，皈依安靜。
悠/闲/生/活 自/在/非/凡
南岸熱線-46481111【2222】
項目地址-吉林市衡山路1908號
开发商：吉林省环亚房地产开发有限责任公司 / 投资商：吉林省吉发实业有限公司 / 品牌策动：麦之芒文化传播机构 （本广告仅为要约邀请，依购房合同标注为准）
藍天下 / 陽光游走在室內每一個角落 / 心在每一片光亮裡愈加開朗鮮活 / 在明媚的陽光裡跳躍、歌唱 / 如此通透開陽的設計 / 留住陽光吸納清風 / 恰似穿越浮華，皈依安靜.

图9-105

吉房售证：2008第217号
南岸小筑——身未动，心已远！
生活·家
蓝天下/阳光游走在室内每一个角落/心在每一片光亮里愈加开朗鲜活/在明媚的阳光里跳跃、歌唱/如此通透开阳的设计/留住阳光吸纳清风/恰似穿越浮华，皈依安静。
9月9日，南岸小筑水语生活璀璨启幕
让流浪变成一种怀念
南岸小筑
悠闲生活自在非凡
142
凡在2008年9月9日开盘之际认购南岸小筑者享受如下VIP礼遇：
A 一次性付款：97折 B 按揭：98折 C 赠送一年物业管理费 D 另有精美礼品
开发商：吉林省环亚房地产开发有限责任公司 / 投资商：吉林省吉发实业有限公司 / 品牌策动：麦之芒文化传播 （本广告仅为要约邀请，依购房合同标注为准）
藍天下 / 陽光游走在室內每一個角落 / 心在每一片光亮裡愈加開朗鮮活 / 在明媚的陽光裡跳躍、歌唱 / 如此通透開闊的設計 / 留住陽光吸納清風 / 恰似穿越浮華，皈依安靜。

图9-106

图9-107

系列二：销售伊始，主要是宣传本楼盘的地理位置优势。叙述的是“南岸小筑”周边环境优越，跟离各种商业圈一步之遥，或者说它本身也是一个商业文化的中心，所以在版面构图上突出体现的是“中心”。如图 9-108、图 9-109、图 9-110 所示。

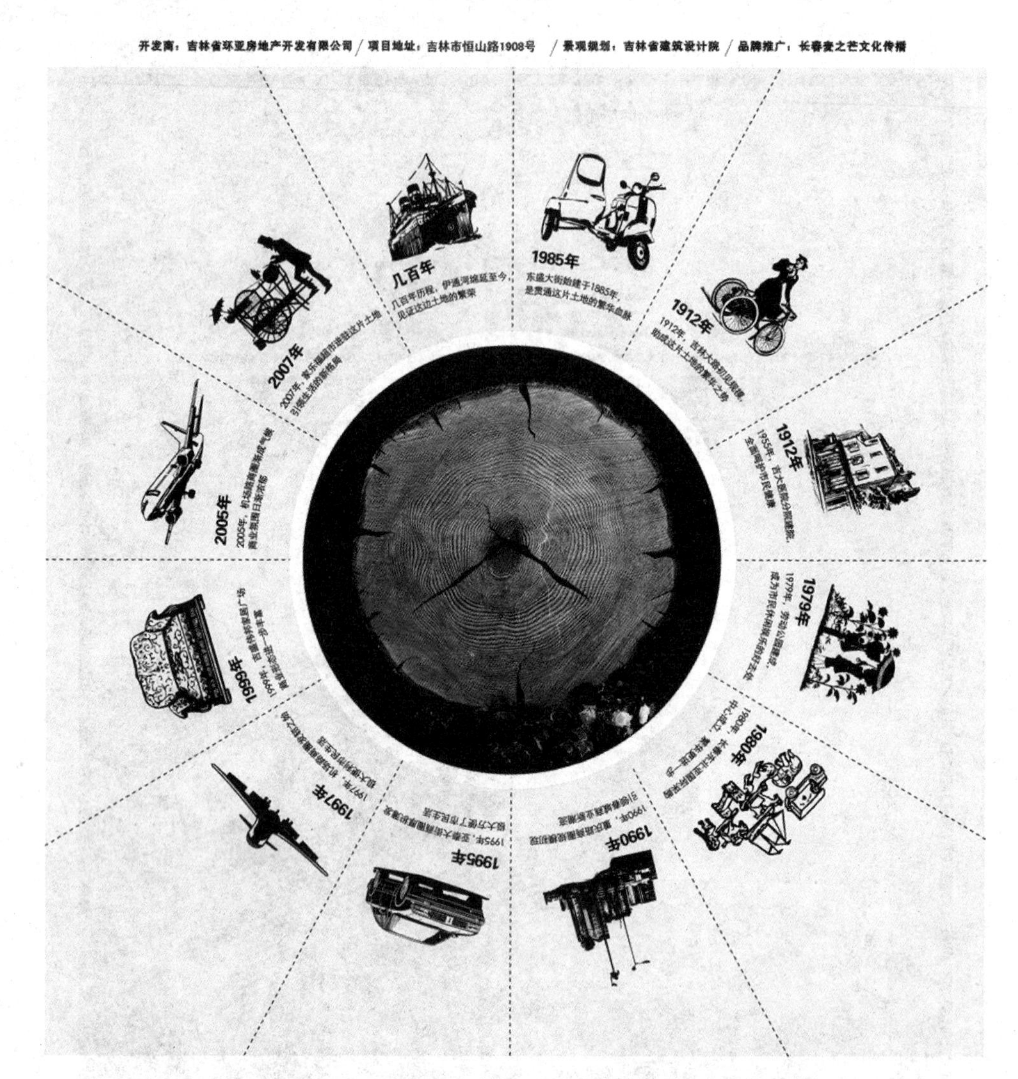


数十载，只不过是承继繁华的起点

历史总在沟沉中，凸显出其必然的因果与脉络。昔日壹中心土地映象，在时光回溯中历历在目。依托政府北优东拓的政策，二道片区蔚然崛起，亚泰商圈诞生、光复路商圈成熟、伊通河整饬，让这里逐渐成为新的城市居住中心。大连科宏目光如炬，圈地20余万平，承数十载繁华，打造城市核心住区—壹中心。岁月洗练，再次见证这片土地的变迁。

发售专线：46481111/46482222

图9-108

开发商：吉林省环亚房地产开发有限公司 / 项目地址：吉林市恒山路1908号 / 景观规划：吉林省建筑设计院 / 品牌推广：长春麦之芒文化传播
三公里，足以丈量这片土地的价值。
吉林市江南历来是城市商业中心，居南岸，自然生态尚居。三公里足以丈量城市所有繁华地带。飞宇超市，麦当劳，肯德基，鸿雁商都，三中，五中，吉林师范大学，油田医院尽在三公里半径内。
发售专线：46481111/46482222

南岸小筑
悠/闲/生/活 自/在/非/凡

图9-109

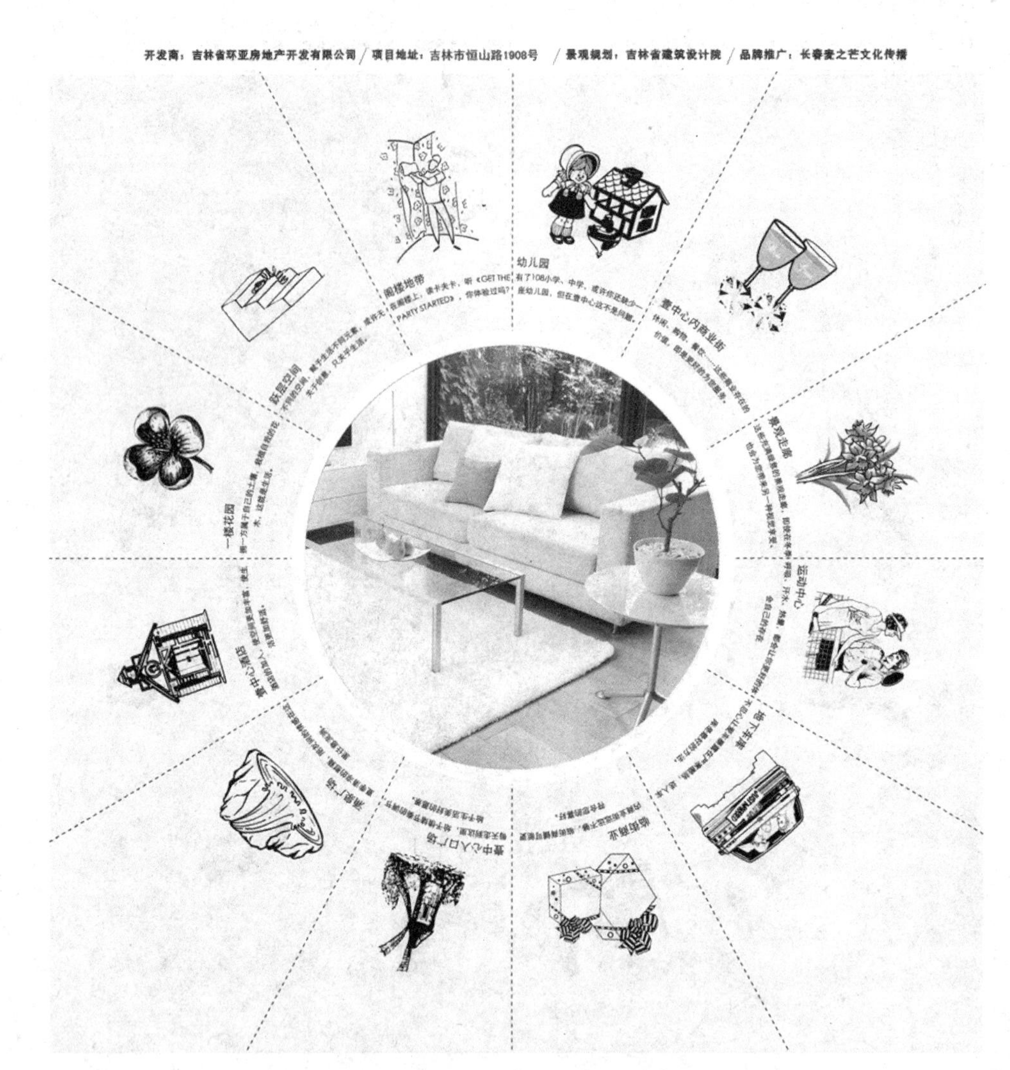


三公里承数十载繁华

有人因征服世界而占据中心，有人因占据中心而征服世界。承数十载繁华印记与三公里生活版图，用物质与精神的质感，幻化坚若磐石的理想——在曾被忽视的城市中心，唱响一段全新的生活赞歌。

发售专线：46481111/46482222

图9-110

## 课后实训项目

请给新开发楼盘“邻河•丽景湾”进行广告策划。

写出策划方案并制作整套宣传作品。

将设计制作的所有作品在保留源文件的前提下，均生成图片格式，并制作成电子杂志以便于观赏。

# 反侵权盗版声明

电子工业出版社依法对本作品享有专有出版权。任何未经权利人书面许可，复制、销售或通过信息网络传播本作品的行为；歪曲、篡改、剽窃本作品的行为，均违反《中华人民共和国著作权法》，其行为人应承担相应的民事责任和行政责任，构成犯罪的，将被依法追究刑事责任。

为了维护市场秩序，保护权利人的合法权益，我社将依法查处和打击侵权盗版的单位和个人。欢迎社会各界人士积极举报侵权盗版行为，本社将奖励举报有功人员，并保证举报人的信息不被泄露。

举报电话：（010）88254396；（010）88258888

传　　真：（010）88254397

E-mail：　dbqq@phei.com.cn

通信地址：北京市万寿路173信箱

电子工业出版社总编办公室

邮　　编：100036